U0223943

载食载礼

饮食与文化的桥梁

康琪 编著

陕西新华出版传媒集团

未 来 出 版 社

图书在版编目（ＣＩＰ）数据

载食载礼：饮食与文化的桥梁／康琪编著. —— 西安：未来出版社，
2018.5
（中华文化解码）
ISBN 978-7-5417-6617-6

Ⅰ.①载… Ⅱ.①康… Ⅲ.①饮食－文化－研究－中国 Ⅳ.①TS971.202

中国版本图书馆CIP数据核字（2018）第086006号

载食载礼：饮食与文化的桥梁
ZAISHIZAILI：YINSHI YU WENHUA DE QIAOLIANG

选题策划：陆三强　高安
责任编辑：马鑫
装帧设计：陕西年代文化传播有限公司
出版发行：未来出版社（西安市丰庆路91号）
印　　刷：陕西金德佳印务有限公司
开　　本：880mm×1230mm　1/32
印　　张：7
版　　次：2018年5月第1版
印　　次：2018年5月第1次印刷
书　　号：ISBN 978-7-5417-6617-6
定　　价：24.00元

如有印装质量问题，请与印厂联系调换

总　序

　　中华民族的历史源远流长，从刀耕火种之始，物质文化便与精神文化相辅相成，一路扶持，共同缔造了博大精深的中华文化。这不仅使古代的中国成为东亚文明的象征，而且也为人类文明史增添了一大笔宝贵的遗产。在中国的传统文化中，物质文化以其贴近人类生活，丰富多彩和瑰丽璀璨的特点，集艺术与实用为一体，或华丽，或秀雅，或妩媚，或质朴，或灵动，或端庄，而独步于世界文化之林，古往今来备受东西方瞩目。《中华文化解码》丛书以通俗流畅、平实生动的文字，为我们展示了传统文化中一幅幅精美的图画。

　　上古时代，青铜文化在中原地区兴起，历经夏、商、西周和春秋，约1600年。其间生产工具如耒、铲、锄、镰、斧、斤、锛、凿等，兵器如戈、矛、戟、刀、剑、钺、镞等，生活用具如鼎、簋、盨、簠、盠、敦、壶、盘、匜、爵等，乐器如铙、钟、镈、铎、句鑃、錞于、铃、鼓等，在青铜时代大都已出现了。西周初期，为了维护宗法制度，周公制礼作乐，提倡"尊尊""亲亲"，一些日常生活中所用的器物逐渐演变成体现社会等级身份的"礼器"——或用于祭祀天地祖先，或用于朝觐宴饮，身份不同，待遇不同，等级森严，不得逾越。王公贵族击鼓奏乐、列鼎而食，天子九鼎，诸侯七鼎，卿大夫、士依次递减，身份等级，斑斑可见。鼎、簋、盨、簠等食器，铙、钟、镈、铎等乐器，演变成为贵族阶级权力的象征。以青铜器为象征符号的礼乐制度，虽然随着青铜文化的衰落而由仪式转向道德，但对中国传统文化的影响却极为深远。

春秋战国时代，由于铁器的兴起并被广泛应用于社会生产和日常生活之中，人们的生活方式发生了巨大的改变。首先，铁农具的使用提高了农业生产力，社会财富日益积累，人们的生活水平得以提高，追求物质享受和精神愉悦的需求，反过来促进了衣食住行生产的发展；其次，手工制造业也因铁器的使用而开始发达，木质生活器具——漆器兴起，并逐渐取代了青铜器成为日常生活中的主要器具。曾经作为礼器的各类器具走下神坛，开始了"世俗化"的生活，品种越来越多，实用性越来越强，反过来促使生活器具愈来愈趋向人性化。在物质与精神的双重追求下，传统社会的物质文化不断向着实用和审美两者兼具的方向发展，成为中华民族传统文化的象征符号。

中国是传统的农业国家，讲起传统文化，不得不首先谈谈耒耜、锄、犁、水车、镰和磨等农业生产工具。人们使用它们创造并改变了自己的生活，同时也在它们身上寄托了丰富的感情。在中国的传统文化里，一直存在着入世与出世的两种精神。或读书入仕，或驰骋疆场，光宗耀祖，修身、齐家、治国、平天下的理想激励着多少古人志存高远。但红尘的喧嚣，仕途的艰险，又使人烦扰不已，于是视荣华为粪土，视红尘为浮云，摆脱尘世的干扰，寻一方乐土，回归淡然恬静，也成为很多人理想的生活方式。耒耜、犁等作为农业生产必不可少的农具，也成为这些人抒发遁世隐居情怀的隐喻。"国家丁口连四海，岂无农夫亲耒耜。先生抱才终大用，宰相未许终不仕。"那座掩映在山间，坐落在溪流之上的磨坊，随着水流而吱吱旋转永无休止的磨盘，则成为古人自我磨砺、永不言败、超脱旷达的象征。

农耕文化"日出而作、日落而息"的慢节奏的悠闲生活，使得我们的祖先有的是时间去研究衣食住行等多方面的内容，从而创造了独特的东方文化精粹。其中，饮食文化是最具吸引力的一个内容。不论是蒸、煮、炝、炒，还是煎、烤、烹、炸，不论是蔬果，还是肉蛋，厨艺高超的烹饪师都有本事将它们做成一道道色、香、味俱全的美味佳肴。这些美味佳肴配上制作精美、造型各异的食器，便组成了一场视觉与味蕾的盛宴。从商周的青铜器，到战国秦汉的漆器，再到唐宋以后的瓷器，传统社会的食器从材质到形制及其制作方法都发生了很大的变化，唯一不变的是对美学艺术和精神世界的追求。从抽象而神秘的纹饰，再到写实而生动的画面，不论是早期的拙朴，还是后期的灵秀，都倾注着中华民族的祖先对生活的热爱与执着。因为饮食在中国传统文化中起着调和人际关系的重要作用，所以中国文化的含蓄与谦恭，尽在宾主之间的举手投足之中，而那一樽樽美酒、一杯杯清茶与精美的器皿则尽显了中国饮食文化的热情与好客。"醉翁之意不在酒，在乎山水之间也"，"兰陵美酒郁金香，玉碗盛来琥珀光"，酒与古代文人骚客"联姻"，成就了多少绝世佳句！

衣裳服饰，既是人类进入文明的标志，也是人类生活的要素之一。它除了具有满足人们遮羞、保暖、装饰自身需求的特点外，还能体现一定时期的文化倾向与社会风尚。我国素有"衣冠王国"的美称，冠服制度相当等级化、礼仪化，起自夏、商，完善于西周初期的礼乐文化，为秦汉以后的历代王朝所继承。然而在漫长的历史发展中，我国的传统服饰，包括公服和常服，却不断地发生着变化。商周时的上衣下裳，战国时的深衣博带和赵武灵王的"胡服骑射"，汉代的宽袍大袖，唐代的沾染胡风与开放华丽，宋明时期的拘谨与严肃，清代的呆板与陈腐，无不与经济、政治、思想、文化、地理、历史以及宗教信仰、生活习俗等密切相关。隋唐时期，社会开放，经济繁荣，文化发达，胡风流行，思想包容，服饰愈益华丽开放，杨玉环的《霓裳羽衣曲》以"慢束罗裙半露胸"的妖娆，惊艳了整个中古时代。

在中国古代服饰发展的过程中，始终体现着社会等级观念的影响，不同社会身份的人，其服装款式、色彩、图案及配饰等，均有着严格的等级定制与穿着要求。服饰早已超越了其自然功能，而成为礼仪文化的集中体现。

对人类而言，住的重要性仅次于衣食。从原始时代的穴居和巢居，到汉唐的高大宏伟的高台建筑，再到明清典雅幽静的园林，中国的居住文化由简单的遮风避雨，逐渐发展到舒适与美观、生活与享受的多种功能，而视觉的舒适与精神的审美则占了很大一部分比重。明代文人李渔在《闲情偶寄》中讲道："盖居室之制贵精不贵丽，贵新奇大雅不贵纤巧烂漫"，"窗栏之制，日新月异，皆从成法中变出"。在他们眼中，房屋的打造本身就应该是艺术化的一种创作，一定要能满足居住者感官的需求，所以要不断推陈出新。在这样的诉求下，中国的传统居住文化集物质舒适与精神享受为一体，一座园林便是一个"天人合一"的微缩景观，山水松竹、花鸟鱼虫等应有尽有，楼、台、亭、阁、桥、榭等掩映其间，错落有致。临窗挥毫，月下抚琴，倚桥观鱼，泛舟采莲，"蓬莱深处恣高眠"，"鸥鸟群嬉，不触不惊；菡萏成列，若将若迎"，好一幅纵情山水、优游自适的画卷！

与传统园林建筑相得益彰的是家具。明清时代的木制家具不仅是中国文化史上精美的一章，也是人类文明史上华丽的一节。幽雅的园林建筑配上典雅精致的木制家具，寂寞的园林便有了生命的存在。木制家具是人类生活中必不可少的器具，它的广泛使用与铁制工具的普及密切相关。从秦汉时期的漆器，到明清时期的高档硬木，古典家具经历了2000多年的发展历程。至明清时代，中国的古典家具便以简洁的线条，精致的榫卯结构，以及雕、镂、嵌、描等多种装饰的手法而闻名于世。因为桌案几、椅凳、箱柜、屏风等的起源都可上溯到周代的礼器，所以尽管长达数千年的发展，木质家具早已摆脱了礼器的束缚，不但形式多样，而且制作精美，但是在它们身上仍然体现了传统文化的影响。功用不同，形制不一，主人的身份不同，家具的装饰与材质也就不同。一张桌子、一把椅子、一张床、一座屏风，不仅仅显示的是主人的身份和社会地位，也是主人品位和风雅的体现。正因为如此，文人士大夫往往根据自己的生活习性和审美心态来影响家具的制作，如文震亨认为方桌"须取极方大古朴，列坐可十数人，以供展玩书画"。几榻"置之斋室，必古雅可爱"。"素简""古朴"和"精致"的审美标准，加上高端的材质、讲究的工艺和精湛的装饰技术，使我国的古典家具成为传统物质文化中的瑰宝。

中国传统文化有俗文化与雅文化之分，被称作翰墨飘香的"文房四宝"——笔、墨、纸、砚，便是雅文化中的精品。这是一种渗透着传统社会文化精髓的集物质元素与精神元素为一体的高雅文化。从传说中的仓颉造字起，笔、墨、纸、砚便与中国文人结下了不解之缘。挥毫抒胸臆，泼墨写人生，在文人士大夫眼中，精美的文房用具不仅是写诗作画的工具，更是他们指点江山、品藻人物、激扬文字、超然物外、引领时代风尚的精神良伴，即"笔砚精良，人生一乐"是也。作为文人的"耕具"，笔具有某种人格的意义，往往作为信物用于赠送。墨等同于文才，"胸无点墨"便是不知诗书。在中外的历史上，没有哪一个民族像中华民族这样，能把文化与书写工具紧密相连，也没有哪一个民族的文人能像中国文人那样，把笔、墨、纸、砚视作自己的生命或密友。在这样的文化氛围中，人们对笔、墨、纸、砚的追求精益求精，它们不再仅仅是书画的工具，更成为一种艺术的精品。可以说，文人士大夫对"文房四宝"的痴迷赋予其深沉含蓄的魅力，而深沉含蓄的"文房四宝"则成就了文人士大夫温文儒雅、挥洒激扬的风姿。"风流文采磨不尽，水墨自与诗争妍。画山何必山中人，田歌自古非知田。"两者水乳交融的结合，形成了中国文化特别是书画艺术无与伦比的意蕴。

说到音乐，则既有所谓"阳春白雪"之类的雅乐，也有所谓"下里巴人"的俗乐，更离不开将音乐演绎成"天籁之声"和"大珠小珠落玉盘"的传统乐器。音乐的产生与人类的文明有着密切的关系，音乐和表现音乐的各种乐器，与文学、书法、绘画等艺术形式一样，既是人类文明的产物，也是文化的重要组成部分。作为精神文明的成果，音乐经历了人神交通、礼仪教化、陶冶情怀和享受娱乐的几个阶段，曲调由神秘诡异、庄重肃穆变得清雅悠扬、活泼轻快起来。传统的乐器也由拙朴的骨笛、土鼓、陶埙等，演变成大型的青铜编钟，进而又演化成琴、筝、箫、笛、二胡、琵琶、鼓等。每一种乐器都演绎着不同的风情，"阅兵金鼓震河渭"擂起的是军旅的波澜壮阔；"半台锣鼓半台戏"敲响的是民间的欢乐喜庆；有"天籁之音"之称的洞箫，吹出的是中国哲学的深邃；音色古朴醇厚的埙，传达的是以和为美的政治情怀。在所有的乐器中，最为人所重的是琴。在古代，琴被视为文人雅士之所必备，列于琴、棋、书、画之首，"琴者，情也；琴者，禁也"，它既是陶冶情怀、修身养性的重要工具，又是抒发胸怀、传递情感的媒介。一曲《高山流水》使伯牙、钟子期成为绝世知音，一曲《凤求凰》揭开了司马相如与卓文君爱情的序幕，《平沙落雁》《梅花三弄》等则奏出了骚人墨客的远大抱负、广阔襟胸和高洁不屈的节操。

与雅文化相对应的是俗文化。俗文化产生于民间，虽然没有"阳春白雪"的妩媚与高雅，却有着贴近生活的亲切和自然。那些小物事、小物件，看起来不起眼，却在日常生活中不可或缺。那盏小小的油灯，虽然昏暗，却在黑暗中点燃了希望；上元午夜的灯海，万人空巷，火树银花，宝马雕车，是全民族的节日狂欢。文化必须在流动中才能绽放美丽。那曾经是帝王专用的华盖，虽然因走向民间而缺少了威严，但民间的艺术却赋予它更多的生命意义：以伞传情，成就了白娘子与许仙的传奇；以伞比兴，胜于割袍断义的直白。庆典中的伞热烈奔放，祭典中的伞庄重肃穆，浓烈与质朴表达的都是传统文化的底蕴。原本"瑞草葳莶叶生风"的扇，只为夏凉而生，在文人墨客手里却变成了风雅，"为爱红芳满砌阶，教人扇上画将来。叶随彩笔参差长，花逐轻风次第开"。

扇与传统书画艺术的结合，使其摇身一变而登堂入室。而秋扇寒凉之悲，长袖舞扇之美，则为扇增添了凄美与惊艳。那把历经沧桑的锁呢？它锁的不是悲凉哀伤，而是积极快乐、向往美好和吉祥如意的心，既关乎爱情，也关乎生活，更关乎人生！

在传统的民俗文化中，有一组主要由女人创造的物质文化载体，那就是纺织、编织、缝纫、刺绣、拼布、贴布绣、剪花、浆染等民间手工艺品。同其他传统物质文化一样，这些民间手工艺品，在中国也传承了数千年的历史，并且一代一代由女性传递下来。这些民间艺术作品秀外慧中，犹如温婉的女子，默默与人相伴，含蓄多情，体贴周到却不张扬。因为是女人的制作，这些民间艺术难登大雅之堂，但离了它，人们的日常生活便缺失了很多色彩。

剪纸起源于战国时期的金箔，本是用于装饰，自从造纸术发明以来，心思灵慧的女人们便用灵巧的双手装点生活，婚丧嫁娶，岁时节日，鸳鸯戏水、十二生肖、福禄寿喜、岁寒三友等，既烘托了气氛，又寄托了情感。男女交往，两情相悦，剪纸也是媒介，"剪彩赠相亲，银钗缀凤真……叶逐金刀出，花随玉指新"。

由结绳记事发展而来的中国结，经由无数灵巧双手的编结，呈现出千变万化的姿态，达到"形"与"意"

的完美融合。喜气洋洋的"一团锦绣"，象征着团结、有序、祥和、统一。

最早的绣品出现在衣服之上，本是贵族身份地位的标志，龙袍凤服便是皇帝和皇后的专款。不过，聪慧的女人把自己的生活融入了刺绣艺术之中，各种布艺都是她们施展绣技的舞台，对生活的期望和祝福也通过具有象征意义的图画款款表达。那或精致小巧、或拙朴粗放的荷包，都寄托了女人们不尽的情怀！中国的四大名绣完全可以当之无愧地登堂入室，成为中华传统文化的瑰宝。

"渔阳鼙鼓"不仅惊醒了唐玄宗开元盛世的繁华梦，也打破了大唐民众宁静的生活。那些从远古狩猎器具发展演变而来的干戈箭羽，曾经是猎人骄傲的象征，如今却变成了杀人的利器，刀光剑影中，血似残阳。在漫长的冷兵器时代，刀枪棍棒、斧钺剑戟，对皇家而言，是权威的象征，威严的仪仗便是象征着皇权之不可撼动；但对个人而言，则是勇士身价的体现，三国时代的关羽以"将军百战死，一剑万人敌"而扬名千年。然而，正如其他器物一样，兵器在传统文化中也被赋予了多样的文化象征意义。"项庄舞剑，意在沛公"，这剑便是杀气，项庄便是剑客；文人弄剑，展现的则是安邦定国、建功立业的豪气。斧钺由兵器一变而为礼器，象征着军权帅印，接受斧钺便意味着被授予兵权，因此斧钺就成为皇权的象征。斧钺的纹饰为皇帝所独享，违者就是僭越。礼乐文明赋予传统文化雍容的气质，也为嗜血的兵器涂上一抹温雅的祥和，那就是"化干戈为玉帛"和射礼的出现。春秋时代的中原逐鹿原本就是华夏民族内部的纷争，"兄弟阋于墙，外御其侮"，民族发展的最大利益便是和平。逐鹿的箭羽配着优雅的乐调，大家称兄道弟一起享受着投壶之乐，一切矛盾化为乌有。

具有五千年历史的中华民族，以其勤劳和智慧，创造了丰富多彩、璀璨夺目的物质文化。它们源于生活，又高于生活，在数千年的发展中，融合了雅俗文化的精髓，变得富有生命力和艺术创造力。它们是一种象征符号，蕴含了传统文化的博大精深；它们是一幅美丽的画卷，展现了传统文化的精致典雅；它们是一部传奇，演绎了传统文化由筚路蓝缕走向辉煌。它们所体现出的文化元素，不仅使历史上的中国成为东亚文化的中心，也成为西方向往的神秘王国。它们犹如一部立体的时光记忆播放机，连续不断地推陈出新，中华文化精神也就在这些集艺术与实用为一体的物质元素中一代一代地传承下来。

焦　杰

目　录

绪　论

饮食文化是中国文化的重要组成部分之一。在中国饮食文化的广泛内容中，食具文化有着很重要的地位。与日常饮食息息相关的锅、碗、瓢、盆、杯、坛、瓶、罐中，每一件都涵盖了中国数千年乃至近万年的人文历史、风俗礼仪、科学技术、美学等方方面面的信息。它们不仅是人们日常生活的必备物品，更是"历史文化"直观地展现者。

　　在一定的地域范围内，人们日常食用的食物、使用的饮食器具、食物的加工方式和饮食方式展现着此地饮食的自身规律，以这四方面为基础发展出的思维方式、社会心理、哲学、礼仪等就是这个地域中的意识形态，前后两部分完整地组成该地域的饮食文化。

　　饮食文化和历史发展是同步的，无论你走在哪个综合性的历史博物馆里，都有大量与饮食有关的器物藏品。远及远古时代，近至现当代，饮食文化被展现在了各种各样的餐饮器具中，从文化、美学、科技等各方面给人们带来了启迪。

　　美食与美器的搭配，给人带来事宜与审美的双重享受，佳肴最好用精致餐具烘托，在这种观念下，中国人对饮食器具实用性和观赏性的追求更高。早在新石器时代，中华大地上的炊具和食具配置已经基本发展完备，后来的演变只是在器具外形和材质上更加丰富化、精良化，并随之衍生出饮食礼器、饮食礼仪等。

第一章 鼎

一、历史悠久的烹煮器具

鼎在中国有着悠久的历史。它最初的主要功能就是炊煮和盛放，不但用来煮肉煮鱼，还用以盛放肉类食品。

鼎早期的形态多是三足两耳，大腹圆身的。方体四足的鼎是商周进入鼎盛时期礼器功能加重后的产物，不过也有文物证明夏代晚期就有了四足方鼎，而且当时就拥有了礼器的象征功能。早在新石器时代，中国先民就制造出了陶鼎，最早的三足鼎实物出土于新郑——裴李岗文化遗址，将鼎的使用历史追溯到了公元前6000多年。作为烹煮工具，鼎的分布比较广泛，在黄河流域的仰韶文化遗址和太湖流域的良渚文化遗址中都有发现。从安阳后岗仰韶文化遗址中出土的陶鼎和福泉山良渚文化遗址二号墓出土的陶鼎可以看出，早期的陶鼎实用功能非常强：足高便于将鼎立于火上加热，圆腹加大了受热面积，可以使食物更快地被烹熟。除了陶制鼎，还出现了青铜鼎、铁鼎、玉石鼎等，又分无盖和有盖两大类，用

陶鼎

于各种不同的场合。

　　鼎的发展过程中，在不同时期、不同地域，器形也略有不同。商代早期的鼎，腹较深，壁较薄，耳较小，多为锥形足或扁足。随后出现了一些浅腹的鼎；到了西周，鼎腹渐渐变大而且下垂。春秋时期流行兽蹄状的鼎足，鼎足也因地域不同有了高矮变化，南方多高足，而三晋地区多矮足。战国到西汉，鼎形渐渐趋同，多呈椭球形，圆底、圆盖顶。

　　自冶金铸造历史开始，青铜鼎周身的纹饰更加丰富，与陶鼎上的简单花纹相比，青铜鼎具有了更多重要而特殊的含义。从商代晚期开始，青铜鼎随着同时期青铜铸造工艺的成熟，逐步进入了鼎盛阶段。为了满足更高的审美需要，鼎身的纹饰开始变得复杂、丰富：饕餮纹、夔龙纹、卷龙纹、爬行龙纹、蛟龙纹、蟠螭纹、蟠虺纹、鸟纹、凤纹、鱼纹、波纹、云雷纹、圆涡纹等等。这些纹饰均有各自不同的含义，甚至成为中国绘画的一个独特类型，对后世的工艺美学起到了相当重要的启示作用。

饕餮纹在青铜鼎上最多见。著名的司母戊大方鼎，就是以饕餮纹为主要纹饰的。饕餮没有身体，只有头部和大大的嘴，反映它贪吃的本性，是欲望和贪婪的象征，因为与"吃"关系密切，所以常常被铸于鼎上。宋代有金石学家认为青铜鼎上的饕餮纹是为了起到警戒作用，告诫人们要戒除贪念。商周两代的饕餮纹类型很多，有

饕餮纹

的像龙、像虎、像牛、像羊、像鹿；有的像鸟、像凤、像人。饕餮纹这种名称是直到金石学兴起时，由宋人取的，它表现的是早期中国人审美中愉悦感和社会功利性的统一。这种纹饰图案的象征性甚至大于装饰性，包含着先秦人的宗教观念和统治者的意志，与祭祀过程中神秘、森严的气氛暗合，体现着鼎由人性化的炊具向完全神圣化的礼器转变的过程。

二、至高无上的国之重器

　　进入礼制社会以后，鼎作为烹煮肉类食品的专门工具，成为贵族阶层的特权象征。在礼制刚刚建立的遥远时代里，肉类对于以农耕为主要活动的华夏民族来说是一种辅食，中国人的主要营养是依靠五谷杂粮获得的，普通人大多以吃稻、黍、稷、麦、菽为主。所以吃肉这种行为在当时成为一种贵族特权，古代有说法称在位的官僚、统治阶级为"肉食者"，称平民为"蔬食者"。不同等级的贵族所能享用的肉食也是不一样的，而用来烹煮不同肉食的工具正是鼎。因此，在古代祭祀活动中，用来烹煮肉食的器具就渐渐成为身份、等级的象征，甚至标志着王室的兴衰。鼎的规制也自然成为礼制的重要内容。

　　作为礼器的鼎既是烹煮器具也是盛餐食器。祭祀时一般会使用很大的镬鼎将牛羊等牺牲烹煮熟，再分别盛放在比较小的鼎中，加以调味，供王公贵族依据自己的身份在祭祀过程中使用或宴飨进食。《仪礼》中记载了供王侯使用的鼎的规制——牛鼎、羊鼎、豕鼎、鱼鼎、腊鼎、肠胃鼎、肤鼎、鲜鱼鼎、鲜腊鼎，不仅鼎的数量被严格规定，而且鼎内装什么食物也有严格的限制，显示祭祀活动的神圣、庄严，以及对祭祀对象的尊重。

在中国几千年的历史中，没有什么器物能像鼎这样被赋予如此重要的政治文化含义。它承担着显示尊卑、区分等级标志的作用。在祭祀、宴飨、丧葬等礼仪场合中体现出王室与其他阶层的森严差别。最具有代表性的要算是周代的列鼎制度了：作为陪葬的礼器，鼎在一个墓葬中以一系列形制相同、纹饰相同、大小依次递减的组合呈现，规格是天子九鼎、诸侯七鼎、公卿五鼎、大夫三鼎、士一鼎，用鼎的制度萌芽于西周早期，西周晚期至春秋时代最为盛行。起初，鼎的数量与身份等级严格一致，但从春秋晚期开始，随着各路诸侯势力的崛起，天子实权被架空，礼制僭越的现象越来越多，用鼎制度也渐渐遭到了破坏。

青铜铸造的鼎成为国之重器——最高政权的象征是九鼎。为何以"九鼎"为极？传说大禹建立夏王朝后，将天下划分为九州，命令九州的州牧贡献该地的青铜，后将收集的九州所贡的青铜铸成了九座大鼎。这九座大鼎上分别镌刻着各州的山川形胜、奇风异物，一鼎代表一州，象征天下九州的统一和王权的高度集中，显示夏王已为天下共主。从此，"九州"成为中国的代名词，

"九鼎"成为最高政权的无上象征，天下共主才能使用九鼎大礼祭祀天地祖先。

鼎从容器、炊具，到祭器、礼器，又到国家宝器，已彻底改变了实际用途，演变成国家供奉的神物。从楚庄王首次"问鼎之轻重"开始，可以看出鼎作为拥有国家政权的绝对象征，在中国历代君王的心中都占有非同小可的地位。周显王没九鼎于泗水彭城后，诸多帝王都曾多次重铸九鼎，甚至一直到唐宋，武则天、宋徽宗都铸造过九鼎。鼎已经从使用器具完全转变为一种特殊的中国王权的精神象征。

鼎代表国家，象征权利，因此中国文化里有很多以鼎比喻权利财富的词语，比如：以鼎有三足比喻三个国家的对峙状态，即"三足鼎立"；又以鼎之三足之状比喻古代科举考试中一甲的三个人，即状元、榜眼、探花被合称为"三鼎甲"；用鼎中被煮沸的水来比喻局势的不稳定状态，有"海内鼎沸"一说；因为礼制规定最高权力的拥有者可以使用九鼎，而权位至上的人拥有绝对的话语权，因此后世以"一言九鼎"形容说话的人信誉极高，说的话能起到决定性的作用；而"问鼎中原"则表示有改朝换代、夺取天下的雄心；官宦富贵之家又被称为"钟鼎之家"；形容生活极其奢侈，有"鼎铛玉石"之说，将宝鼎看作铁锅，将美玉视为石头……

三、用途有别的形态变化

在使用陶鼎的早期，有一种叫作鬲的炊具，样子和鼎很相似，区别在于足部：鬲的三只足是空心的，像袋子一样，被称为"袋足"，足尖为乳突状，短而小。《尔雅》《汉书》中解释说，鬲是一种足部中空的鼎。这种中空的形态加大了整个容器的受热面积，使食物能更快地被煮熟。甚至有的鬲还兼具蒸煮两种功能，在鬲内部，袋足与鬲身交界处等同于一面有大孔的箅子，上面可以放置成团的干食，使其可以在足部水烹的同时受到气蒸。

陶鬲的出现可追溯到新时期时代晚期，青铜鬲则出现在商代早期，在中原地区陶鬲和青铜鬲一起流行了很长一段时间。到了西周末期，它已发展得更加低矮，不再作为烹煮工具，而更多地用来盛放粥、羹。

鬲也是礼器的一种，春秋时期，青铜鬲多以偶数组合与青铜鼎共同作为陪葬祭器，当墓葬规格为九鼎时，八鬲同墓；当为七或五鼎规格时，墓中则陪放六、四或两只鬲。到战国晚期，鬲便消失了，不论作为祭器还是实用器具，它都不再出现，后世则只有鬲之名而无鬲之实了。

无足之鼎被称之为镬。根据史书记载镬是专门烹煮鱼肉、干肉的大型器具，是一种腹深、体大、没有足的鼎，有点像后来的深腹大锅。它常常与鼎并称"鼎镬"。

镬的体形常常被铸的比较大，其中极大的可以直接烹煮整只的祭祀牺牲，甚至作为烹人的刑具。《汉书》中就讲到秦国使用了商鞅创制的连坐法，其中增加了一种叫作"镬烹之刑"的酷刑，就是用无足的镬将活人烹煮。体形巨大的镬，在文献中常见记载，但是传世的实物并不多见，出土实物中现存最大的镬高近一米。这些大型鼎类器具的实用功能随着后世炉灶的发展逐渐被锅釜类炊具所替代，渐渐地淡出了中国餐饮食具的舞台。

四、铭文史料的厚重载体

商周时期，以铜鼎为主的祭祀宴飨礼器，被称为"吉金"，而在吉金鼎彝上铸刻铭文是当时的风尚。铜鼎中大量出现记事铭文始于商代晚期，西周时变得极为常见。因为当时出现重大事件或在大型庆典时，都要铸鼎用于记载盛况、表彰功绩、标榜荣誉等。很多鼎在铸造时都会将铸鼎的时间、原因、过程和要表达的事件本末以铭文记载在鼎身上，成为后世子孙承传荣耀的证据。诸多的铭文里包含了当时广泛的社会内容，涵盖典章制度和重要的历史事件原貌。这些为我们现在研究几千年前的中国社会情况保留了宝贵的历史实物资料。

著名的大盂鼎，铸造于西周康王时期，鼎内壁铸有铭文291个字。以周王的身份总结商代晚期因酒亡国的教训，对盂这个人进行告诫，劝其全力辅佐周王，继承周文王和周武王的德政。铭文中对商朝灭国原因的总结，反映了周人对此历史事件的普遍认知。

出土于陕西岐山的禹鼎，铸造于西周晚期，鼎内铭

大盂鼎铭文拓片

大盂鼎铭文拓片

文记载了噩侯驭方率南淮夷、东夷反叛周王朝，周王征伐噩侯，但未能取胜，禹随后奉武公之命，率领徒御一千二百人和兵车百辆参与作战，最终俘获噩侯的历史事件。这段铭文弥补了周厉王时期与南方各国战争情况的文献记载空白，还原了西周晚期一些没有被记录的历史画面。

现存于台北故宫博物院的毛公鼎，是现存铭文篇幅最长的西周晚期的青铜器。全文497字，记述了周宣王任命毛公为百官之长，替自己管理政事，协调上下关系，效力国家的事迹。毛公鼎铭文完整，叙事精妙，内容丰富，与《尚书》行文之风相近，被誉为"抵得一篇《尚书》"的西周散文代表作品。

青铜鼎铭文内容丰富，不但为中国历史研究提供了宝贵的材料，而且其文字本身也具有很高的审美和研究

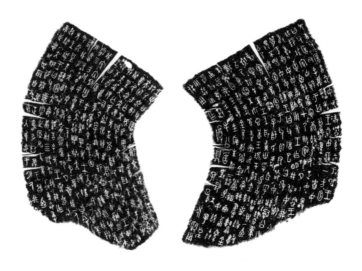

毛公鼎铭文拓片

价值，成为中国语言文字、书法研究领域的一个专门类别——金文，也叫钟鼎文。青铜器铭文承载了厚重的中国早期的社会史料，更是研究中国文字发展的珍贵资料。

在中国先秦时代，鼎既是炊具，又在祭祀、礼仪方面有不可或缺的意义。不论从造型上，还是从纹饰、铭文上，它都反映着中国古代的经济制度、社会习俗和宗教思想，展现着中国人早期认知世界的状态，传达着

"协上下、承天体"的时代思想。鼎可以说是点燃华夏农耕文明经典之光的文化火种。

第二章 锅

一、从"釜"到"锅"的变迁

锅是人们再熟悉不过的日常用具，只要吃饭便离不开它。这种家家户户的生活必备品最早在八九千年前的石器时代就已经出现了。锅最早的雏形就是"釜"。传说从黄帝制作出了第一口锅——"陶釜"开始，人们便渐渐懂得用这种工具煮制粥羹类的食物了。

到了汉代，中国的冶铁技术得到空前发展，铁制炊具便渐渐代替了陶土炊具和青铜炊具。很多人认为鼎、鬲算是锅的前身，其实不然，虽然都用于蒸煮食物，但是其本质上有着重要的区别。首先鼎类三足、四足的炊具在历史中更多地被专门用于祭祀礼仪，被赋予严肃的宗教、政治意义；其次按照炊具的发展演变来看，从炊具出现的新石器时代以来，中国很多地域的考古发掘并没有发现鼎、鬲等有足炊具，例如云南，锅类炊具多以釜、钵式的圆底器具居多，这跟当地的使用习惯有很大关系。总之，锅的形制是被广泛接受使用的，并且沿用至今，虽然变换过许多不同的名称，但可以算是炊具中的元老了。

到了隋唐时期作为炊具的锅才渐渐定型：圆口、半球面、腹较浅，有耳或无耳，有足或无足。它烹煮食物方面的优势得到人们的普遍认可，渐渐遍及大江南北，成为最重要的烹饪工具。此后的岁月中，锅差不多一直保持着这个样子，除了材质、大小，其他的没有多大变化。

有意思的是，同样表示圆形中凹的锅，现在"鼎""镬""锅"三个词在不同的汉语方言区都有运用：闽方言称之为"鼎"，粤方言、吴方言、客家方言称之为"镬"，北方方言则称之为"锅"。

用"锅"字指称炊具，是比较晚的事情。汉代的《说文解字》里就没有收入"锅"字。"锅"最早跟炊具并无关系，此字的出现是在隋代的佛经中，是一个佛教用语，指代修炼的法器或是用来盛秽物的工具。到了唐代，佛经译本中出现的"锅"字才越来越多，初唐以前诗文中提到炊具的只见"釜""铛"等字，并不见"锅"。"锅"原指车釭，即车毂穿轴用的金属圈，就是古代马车后轮中心一种用于固定车轴的东西。《方言》卷九："车釭，燕、齐、海、岱之间谓之锅。"又可指盛膏器。《方言》卷九："盛膏者，乃谓之锅。"到了晋代，"锅"成了炊具的名称。《说郛》卷五八引晋徐广《孝子传》："母好食锅底焦饭。"唐代释慧琳所著《一切经音义》卷十四："锅，烧器也。《字书》云：'小镬也'。"在唐代，"锅"作烧器的用法可能并不普遍。《龙龛手镜》："锅，古禾反。温器也。"温器，即给食物加温的器皿。《龙龛手镜》是辽代僧人释行均为研读佛经而编撰的一部字书，收进了唐写本经卷中大量的俗字，对词语的解释应该非常接近唐代前后的实际情况。到了宋代，《广韵》《集韵》对"锅"的解释仍然是"温器"。直至明代，《正字通》："俗谓釜为锅。"在民间，"锅"成了炊具的名称。后来人们渐渐用"锅"字指代圆形中凹、做饭烹饪的炊具了。

宋以后，在中原地区，"锅"逐渐取代了"鼎""镬"，成了炊具的主要名称。现在北方方言区，基本上称之为"锅"。"锅"还有向南扩展的趋势，长江以南某些地区出现"鼎""锅"并称或"镬""锅"并称的现象。如：广东潮汕地区的方言中，圆形中凹的叫"鼎"，平底的叫"锅"；在上海方言中，圆形中凹的叫"镬"，而平底的叫"锅"。

"釜"的样子是圆底而无足的，必须安置在炉灶上或以其他物体支撑着来烹煮食物。釜口是圆形，方便用来煮、炖、煎、炒等，是现代中国人普遍使用的锅的前身。釜在战国时期的秦国很常见，是比较普遍的一种炊具。《孟子·滕文公》中说："许子以釜甑爨，以铁耕乎？"这里的"釜""甑"专指炊具里的蒸煮器，而且这两种器物形态上也非常接近，当时类似的烹饪器具还有镬、鏊等。釜最早有点像现代的罐，鼓腹圆底，敛口束颈，口边有唇缘，口径多小于腹径，有的肩部还有两个环状的耳。战国时期的釜一耳的偏多，到了秦汉时期，两耳的偏多，但两只耳的大小并不一样，往往一只大一只小。

釜在古代还有一项功能：度量。作为量器的釜，春秋、战国时代流行于齐国，现存的战国时期的禾子釜和陈纯釜，都是坛形量器，小口大腹，有两个耳。"釜"和"庾"，在古代均为量器名称。"釜庾"合称，被引申指数量不多的意思，如《晋书·翟汤传》中说"人有馈赠，虽釜庾一无所受"。同意的还有"釜鼓""釜钟"，"鼓""钟"也都是古代的量器名，与"釜"连用也都指数量不多。

后来经过历史的不断演变，锅逐渐从"釜"发展而来，从腹大口小到口部变大、腹部变浅，形成了现代锅的基本样式。

二、形态多样、用途丰富的大家族

　　青铜饮食器具在发展到与饮食文化和礼仪规范相适应的时代，它所呈现出的样貌之丰富，工艺之考究代表着中国青铜文化鼎盛时期人们高度的艺术审美需求。此时的器具绝大多数造型生动，纹饰华丽，呈现着丰富的艺术想象力和特殊的象征意义。

　　以前人们使用的锅主要分为两种材质：铁质和陶质。而如今在中国的厨房里，铁锅和陶土类制成的砂锅还依旧是重要的烹饪工具。锅从古时发展、演变到今天经历了怎样的历史进程呢？下面将列举具有文化代表意义的锅具，为大家呈现。

　　甑是新石器时代晚期产生的一种蒸锅。其形状有点像一个底部镂空的深腹盆，镂空的底面有箅子的功能，它需要跟鼎、鬲或者釜组合起来使用，想要蒸熟食物的时候将甑放置在装有水的鼎、釜之类的器具上，加热后蒸汽通过甑底的空隙进入甑内，放在里面的东西就可以被蒸熟了。提到甑，人们常常会想到出自《后汉书·范冉》的成语"甑尘釜鱼"，讲了东汉末年名士范冉遭到阉党的禁锢，只好推着小车，载着妻儿，四处云游，有点钱就住旅馆，无钱住店时就在树下休息。如此生活十余载，终于盖了一间茅草陋室定居，但还是很穷，常常吃了上顿没下顿，人们还编了一首谣谣嘲笑他的生活："甑中生尘范史云，釜中生鱼范莱芜"（范冉字史云，做过莱芜长），即使这样他仍然 "穷居自若，言貌无改"。"甑尘釜鱼"就是甑中生尘，釜中生鱼（鱼：蠹鱼，食衣物的小虫），形容了贫苦人家，断炊已久，蒸锅生尘，言谈举止不改的豁达精神。

甑与中国古代的酿酒工艺还有很大的联系。古人发明了一种叫作"甑桶"的器具，专门用来蒸馏白酒。宋代的《洗冤录》和《曲本草》中提到了"烧酒"和"蒸馏酒"的记载，原始的"甑桶"应该普遍应用于宋代。1975年河北省青龙县出土过一套铜制蒸酒器皿，用它能够完成白酒的整个蒸馏过程。从形制、构造和使用原理上看，"甑桶"就是这类酿酒器具的演变，它推进了中国古代的低度酒向高度酒发展的步伐。

甗是另一种中国古人用于烹饪的巧妙炊具，它实际是由两种炊具相连拼接而成的，既可以由甑放在鬲上形成甗，也可以由甑放在鼎上面形成甗，"甗"字的篆体清楚地表现了它这一形态特点。甗上部的甑形状是口大大的，腹鼓鼓的，底部有洞，食物可以放在里面，下部

甑的原理图

"甑"字的篆体

的鬲或鼎则用来放水，中间有孔通气。甑最早是陶制的，后来出现了青铜质地的。青铜甑里一般都有一个铜片，上镂空刻有十字形或一字形的气孔，称为箅子。甑的使用原理和现代的蒸锅一样，底部被加热后，鬲或鼎里面的水烧开，水蒸气从甑底部的孔洞上升，就可把甑内的食物蒸熟了，所以它多用于蒸饭。

甑是中国先秦时期人们主要的炊具之一。青铜甑在商代早期已有铸造，商晚期至西周早期已经很普遍，西周末、春秋时的甑纹饰多样，造型多变，成为墓葬中必备的殉葬礼器之一。商代妇好墓出土过一个三联甑，现在收藏于中国国家博物馆，是青铜甗的典型代表。它的形制有点类似现代的煤气灶，是个复合炊具，将三个鬲合起来铸成了一个长方形中空的案，案下有六个足，面上保留着三个鬲的口，甑则仍然是三个个体，分别套接于三个鬲口内，形成一鬲加三甑的格局。使用时，三个甑中可以放入不同的食物，鬲的蒸汽同时对三个甑加热，不但提高了热能的利用效率，还增加了同一时间内烹调食物的品类和总量。

妇好墓出土的三联甗

　　妇好墓还出土过一件汽柱甑形器，外观很像一个敞口深腹的大盆，腹部两侧有一对把手可供提拿，最特别的是底内中央有一个中空透底的圆柱，柱头被做成立体的花瓣形状，四片花瓣中间还包裹了一个突起的花蕾，花蕾表面有四个柳叶形的气孔。在它的腹内壁上刻着"好"字铭文。

　　使用的时候把它放在盛满热水的炊具上，上部加盖。热蒸汽会通过中空的圆柱进入甑内并经柱头的气孔散发出来，柱头散发的蒸汽无法外泄，只能分散在腹内，蒸汽的热量就把甑内围绕中柱放置的食物给蒸熟了。云南有一道传统风味菜——汽锅鸡，烹制器皿"汽

商代青铜汽柱甑

锅"就是沿袭了几千年前甗的这种原理。但也有人认为它可能是蒸馏酒的用具。不论是什么用途，它都是迄今发现最早的，也是唯一的一件商代汽锅。

这些炊具的主人——商代第二十三代王武丁的妻子妇好，是一位女将，北讨土方族，东攻夷国，南打巴军，为商王朝拓展疆土立下了汗马功劳。现存甲骨文中记载她经常参与战争并主持国家祭祀活动，武丁对她十分宠爱，授予她独立的封邑，常向鬼神祈祷她健康长寿。妇好墓出土的这些炊具文物，不禁让人联想到这样画面：3000多年前，叱咤风云的女将军妇好驰骋疆场、所向披靡，凯旋后觥筹交错、大快朵颐，这是何等的铿锵与豪迈！

在中国云南有一种用于煮食物的陶制炊具称之为"土锅"。在当地，"土锅"是专门用于烹煮食物的陶制炊具，所以也常常作为陶器的总代称。而傣族把陶器叫"磨令"或"贡磨"，"磨"即是傣语里"土锅"的意思。在当地少数民族的民间故事中，陶器的起源就与土锅有关。

傣族有则民间故事：很久以前，有一对夫妇，在澜沧江畔以打鱼为生。夫妇俩做饭、烧水一直是用竹筒。但是竹筒加热后只能使用一次，所以要供应每日的吃食，就得经常上山砍竹子，又劳累又浪费。后来，这位聪明的妻子就想办法用土做了一个中间深陷的圆形土坯，想用它试试看能否代替竹筒烧开水，但土坯在火上加热不多时就炸了，水全都漏光了。但是一块掉进火塘的土坯碎片，却在妻子后来做饭的过程中慢慢烧成了坚硬的陶片，妻子发现即使这片陶上盛着做饭时不慎洒出的水，却再也没有炸烂掉。她突然懂得了"生"的土坯是需要放在火中，被不断地焙烧才能做成可以做饭用的器物。此后，她把事先做好的土锅生坯先放在火上不断地烧啊烧，果然成功地制出了第一口土锅。而这个做法，也被人们当作宝贵的生活经验继承了下来。

这也许代表了人类对泥土原始而淳朴的特殊感情，同时也暗指了陶器的发明可能最早就是出于女性之手。直到今天，花腰傣族还沿袭着制陶术只传儿媳不传女儿的习俗，就是为了技艺不外传。傣族旧风俗里，制作土锅也只能由妇女完成，男子不能参与，甚至连看一眼都不行，不然土锅就一定会像中了魔咒般烧裂的。

云南少数民族使用土锅的传统与中原饮食文化还是有区别的，当地考古并不常见鼎、鬲等多足器，多见圆底的釜、罐、钵类，这和当地相应的炊爨（cuàn）方式有密切的关系。云南一直流行火塘或支石(俗称"锅桩石")为灶，搭配圆底炊具，放得稳、受火匀。明代徐霞客在游记里还记述当地："有庐舍当坡塍间，曰土锅村，村皆烧土为锅者。"

古代的锅具还有各种各样丰富的形状和用途，如专门制盐用的锅，叫作"铁盘"。这种锅具只用于煎煮生产食盐，煮盐用的金属容器在当时被专门称作"盘""柈"，由生铁铸就或由锻铁铆合。元代天台人陈椿在《熬波图》中"铸造铁柈"图说里还记录了当时的铸造铁盘的场景。

鏊是用来烙饼的一种锅具，形状很像平底的大盘子，扁平，中间微微凸起，最早用陶制成，后来采用了铜、铁质地，下面有三到四个足。作为专门烙饼的工具，鏊起源得很早，仰韶文化遗存中就出现过，在河南荥阳和青台的仰韶文化遗址中都发现过陶制的鏊。它制作的饼类，史称鏊饼，类似现在的煎饼、烙饼、烙馍等。直到今天，鏊在山东、山西等北方地区民间仍然常用，可以算是一种从远古相传至今仍保持原始形态的炊具之一。

三、锅釜与文化

中国人渐渐形成了将食物蒸熟来吃的饮食习惯，便离不了锅。从古至今，居家过日子，谁家能离开了锅？渐渐地，一个普通常见的饮食器具，就衍生出了很多涵盖生活理念的文化内涵。

从文献记载来看，"釜"字先秦就出现了，随时间推移，"锅"在口语性表达里逐渐代替了"釜"字，变成了现代汉语中一个十分常见的字。中国语言文化中有许多与"釜"和"锅"相关的成语和熟语。有饭吃才能活着，锅是把食物变熟的重要工具，从某种意义上决定了人的生存。所以也许没有了做饭工具就会逼着人们去想办法，成语"破釜沉舟""焚舟破釜"就反映了人在没有退路的环境下义无反顾的决心和意志；人们用跟锅有关的成语"釜底游鱼"来比喻处在极度危险境地的人；贫困潦倒用"揭不开锅""等米下锅""清锅冷灶""甑中生尘""釜中生鱼"来形容；如果连"锅"都卖了，说明真是到了走投无路、倾尽所有的地步，

"扫锅刮灶""砸锅卖铁"形象地表达了这个含义；比喻情势危急用"漏瓮沃焦釜"，就像漏瓮里的水倒在烧焦的锅里一样，急切地等待补救；如果形容人太贪婪，会直观地用贪吃来指代，就有了"吃着碗里瞧着锅里"；"锅"不论什么时候都是家里重要的家当，司掌着生活里最重要的大事——吃，所以如果举家迁移，必定会连"锅"带走，"拔锅卷席"就形象地比喻带走全部家当，或者卷铺盖走人了；焦急聒噪，就用"热锅上的蚂蚁"用来形容，再恰当不过；陶制的"锅"，没有金属的结实，用力敲打就会破裂，出现裂纹，"打破砂锅璺到底"本来是很直白的描述，说砂锅一旦破裂了，裂纹就会一直开到底部，而因为"问"与"璺"谐音，人们就用"打破砂锅问到底"来形容一个人刨根问底的好奇心，或做事锲而不舍的精神；"锅"一般都是半圆的，人们就用它弯曲的底部形态来描述人身体的驼背，"罗锅"便成了驼背的人的代名词。这些都是锅具看似表象的功能和形态给人们带来的对生活现象的深层联想。

　　除了文字上的体现，中国人会用一个家庭或一个集体在"一个锅里吃饭"来表达中国古代哲学中"合"的思想，这不但体现在锅对食品的加工功能上，还贯穿于饮食享用上。食材在入锅前都是独立的个体，一经在锅中上下翻炒、蒸煮煎炸后，若干个体便会交合，这里从

"个体"转变成"整体"，不正体现着中国"分久必合""天人合一"传统哲学思想吗？"饮食，所以合欢也"，形成了中国人独有的，群体享用生活资料所产生的幸福感，尤其在中国的家族式文化传统中体现尤为明显。

这也催生了中国文化中与锅有关的艺术性特征。而中国饮食的烹调技艺，还在锅的文化里增加了韵律感，尤其是烹饪技法里最有代表性的方式——"炒"。技艺娴熟的烹调者用手中的铲勺敲打炒锅边缘发出响声是中餐烹饪时独有的特色。那富于节奏感的敲击，表达了烹饪者挥洒自如的技艺和对餐饮艺术的热诚，表露着带有艺术特征的饮食文化现象。在中国烹调艺术中，人们甚至以叮当作响的锅铲碰撞表达一种非语言交际，传达烹调过程中的忙碌感，对饮食的满足感，和对生活的热爱。对锅的敲击还衍生出了社会分工、等级差异。在传统的专业烹饪行当里，一个学徒，一个技术不全面、功夫不扎实的厨师，是不敢在有经验的师傅或同行面前敲锅打铲，弄出太大的动静的。锅传达出的声响其实也反映出厨师的技术实力，被人认可的程度，体现了一种在整体和谐思想下，有层次的、均衡有序的等级差别观念。

锅在中国文化中的分量，体现在食材入锅、出锅的过程中。这是一个注入每个人、每个家庭对于生活不同的认知和理解的过程，也是千百年来为中国人带来食之本性满足感并养育中国文化的过程。

第三章　碗

一、从"宛"到"碗"

碗的历史绵延了数千年，从有了人类文明开始就有了碗，当我们手捧饭碗进食的时候，可曾想过数千年前的祖先也曾以一样的动作填满了空虚的肚腹。因为一只碗的作用，人类配比了食物的均衡性，干软相伴，稠稀相调的饮食使得人类的身体更加健康长寿。

碗的使用历史由来已久，在漫长的发展过程中，碗的称谓随着器形的变化也经历着变化。最早时"皿"和"盂"都曾作指代碗的词语而被使用过，它们是同意而构的文字，都指"象器皿之形"的器物。"皿"的含义很广，是一类物件的统称，后来则常常作为后缀词出现，如"器皿"；而"盂"对于其所代表的器物的具体用途指代很明确，在秦以前既指盛饭的器皿，也指用来盛放其他液体的器皿，到了秦汉以后盂和碗就基本同义了，随着时间推移，"碗"渐渐地替代了"盂"，成了盛饭用的器具的统称。

"碗"这个名字是怎么得来的呢？碗，从夗得声。

《说文解字》中说"夗，转卧也。"段玉裁在《说文解字注》中说："《诗》曰：'辗转反侧。'凡'夗'声字，皆取委曲意。"以"夗"作为声符的字，如宛惋蜿等字，都带有"弯曲"的意思，其他同源词腕、剜、惋、婉、腕、蜿等也都带有曲委、弯曲，宛转的意义，因此"碗"也不脱其里。字典词典中释义"碗"一般都是："盛饮食的器具"（《汉语大字典》）、"一种口大底小的食器。一般是圆形的"（《汉语大词典》），或"圆形敞口的食器"（《辞源》）。那么碗是因为器形呈圆形，有弯曲状，所以得名为"碗"吗？答案应该是肯定的。

宛，在《说文解字》里的解释是："宛，屈革自覆也。"《说文通训定声》里说："宛，犹屈也"，有弯曲的意思。中国著名的古城宛城，在今天的河南省南阳市，是典型的"盆地"，西、北、东三面环山，地貌特征正是四周高中央低。春秋初期的楚国占据了这片土地之后，便因其土壤肥沃，具有地理优势而作为问鼎中原的基地，更因此地的地势形状，而自此得名"宛邑"。说明"宛"本身就有弯曲环绕，中间低凹的意思。因此，以"宛"做形旁、声旁的字多少都有此类意义。

例如，"腕"在《释名·释形体》即解释为"宛也，言可宛屈也。"手肘关节处固然是可以弯曲的，因此要取其声符的"弯曲"义；惋：《战国策·秦策》中说："受欺于张仪，王必惋之"，陆机的《文赋》也有"故时抚空怀丽自惋"句，杜甫的《观公孙大娘弟子舞剑器行》说"感时抚事增惋伤"，"惋"即是心思蜷曲了，情绪不畅快了，甚至中医里还将气息迂曲、不顺畅的症状也称为"惋"；"婉"则表示表达的曲折，不直抒胸臆，如《左传》有言"婉而成章，尽而不污"，现在我们常说"婉转"正衍生于此，指声音的温和曲折、抑扬动听；"蜿"用来形容事物屈曲盘旋的状貌，《昭明文选》中有"虬龙腾骧以蜿嬗"，吕延济注："蜿嬗，盘屈貌"，因此在古时它也被用作蚯蚓的别名，崔豹的《古今注》说"蚯蚓，一名蜿埴，一名曲嬗。"甚至现在的四川方言中也有保留着这种叫法的。

碗和腕、惋、婉、蜿等一样都是此类同源词。"碗"的命名也是因为它有一个呈弯曲形状的面，取声符"夗"的"弯曲"意义，就像"剜"字指用刀刻、挖时是呈曲面弧形运动的一样。

二、多姿多彩的造型与纹饰

既然碗的命名就呈现出它大体的样貌了，所以我们知道碗不论大小深浅，大概从古至今都是一种形态，似盘体型稍深。在由来已久的中国饮食器的使用历史中，碗是其中生命力很强的器皿之一，最早也产生于新石器时代早期，近万年的时光流逝，不但没有使碗具被淘汰或衰败，反而发展出繁多的品类。

新石器时代的碗多为陶制，由于此时被加工的食物还主要以肉类为主，方式多为煮、烤，因此碗可能多被用于盛放肉食。此时的碗制作虽然没有多精细，但用纯净的黏土制成，经过打磨，表面也算有了光滑感。甚至为了追求美感，这时期还出现了表面绘有漆料的涂漆碗，浙江余姚县就出土过这个历史时期的朱漆瓜棱形碗，说明饮食对于中华先民来说，早已从单纯的生理需求向更高的审美需求发展了。

商代时，文献中被称为"盂"的，指比较大的碗，可以盛饭也可以装水。样子比较小、腹部鼓大又没有足的被称为"钵"，是盛饭的器皿，后来钵专门用来指称僧侣携带在身边用来化缘吃饭的碗，佛教徒常通过最简单的托钵行乞的方式，获得食物等生活必需品，更是对少欲知足的修习，因此有佛教的托钵行脚僧被称为"托钵僧"。

钵，不但可以盛放食物，还能用于洗涤东西，这要归因于它有点像盆的形态，腰部凸出，口和底向中心收缩，盛放在里面的液体不易溢出，又能保温。先秦使用比后世要略微普遍，但渐渐地发展成了僧人们专用的食器，有瓦钵、木钵和金属钵之分，《西游记》里唐僧所持的紫金钵盂，其实就是铜制的。苦修的托钵行乞僧只

托钵僧

被允许携带"三衣一钵"，钵就是专为向人乞食之用的。现今南亚地区南传佛教僧人，仍于每日凌晨沿门托钵。

钵

　　关于容量，唐代有严格的量法，据记载在一斗至五升之间，一钵之量刚够一僧食用。印度上座部系统法藏部所传之戒律《四分律》卷九中举出僧钵有大、中、小三种。大者三斗，小者一斗半。律中还规定出家人护持钵当如爱护自己眼睛一般，应当常以澡豆洗净除去钵上垢腻。

　　隋唐到明清，由于对食器审美的不断变化，各种材质经过与能工巧匠的工艺技术完美结合，碗也发展出了丰富多彩的样貌和纹饰。而且经过青铜、漆器的发展，瓷器也正式坐上了餐饮食具的主流位置。碗不再仅仅是简单的进食工具，而是处处体现着不同时期与地域的社会形态和审美情趣，点缀着中国深远的饮食文化，它的形状、纹饰、质量、用途随着时代的变迁、工艺的进步而表现不同，下面就简单介绍几种：

　　斗笠碗，是一种形态比较特别的碗，广口，碗腹倾斜可呈45度，小圈足。因倒置过来形似斗笠，因而得名。四川成都大邑县曾出土过唐代高足白瓷斗笠碗，而这类大邑白瓷碗在唐代可是十分珍贵的，诗圣杜甫有一首《又于韦处乞大邑瓷碗》："大邑烧瓷轻且坚，扣如哀玉锦城传，君家白碗胜霜雪，急送茅斋也可怜。"想必，杜甫口中的大邑瓷碗就是这种白瓷斗笠碗了。杜甫在成都期间，与地方高官也颇有交往，想得一件大邑烧制的白瓷碗还需要到韦少府处去"乞"，"乞"到后还作诗吟录，足见"大邑瓷碗"在当时是珍稀之物，因为是官营陶瓷手工业的产物，算得上为数不多的精品。从杜甫的吟诵开始，这类碗到了宋代就开始流行，此后一

斗笠碗

直都有烧制。

　　四出碗，是唐代中期十分流行的一种碗的样式。一般碗口部有四处下凹口，碗边成四瓣花瓣的形状。四出碗仿照花瓣的形态，其实仅仅是流行于唐代的众多仿植物形态的碗的代表。当时还有许多如形态复杂美丽的碗，如花口碗、荷叶碗、荷花碗、海棠碗、菱形花口碗等等。而且，这类碗不仅有陶瓷材质的，还有金银材质的。由于金银的延展性强，便于加工，所以唐代的金银

鎏金仰莲瓣荷叶圈足银碗

影青注子注碗

分解开的影青注子注碗形态

材质类碗多做花瓣造型，典型的有陕西西安何家村出土的鸳鸯莲瓣纹金碗、鎏金双狮纹莲瓣银碗等。四出碗的莲瓣纹饰，其实是演变为中国本土化的佛教纹饰，在唐代的金银器制作中尤为凸显。也因为受到西方，尤其是波斯文化的影响，唐代的食具在造型与装饰纹饰上，多采用动植物题材，因而唐代的碗才有了花瓣造型，让自然界的花草等植物元素引入到餐具的造型设计中，也体现着中国人对于自然的审美意识。

　　唐代四出碗以花瓣碗口为代表造型，因有凹凸不平的边缘，在人们进食时带来了不太舒适的体验感，唐之后便不再盛行了。但是作为进食器具使用不方便，不代表这类拥有独特美感和文化内涵的器形不能用于其他不用直接与人的嘴巴接触的饮食器皿上，如上图这件著名的注碗就是代表。

这件"影青注子注碗"是中国古瓷器艺术的佳作，分为注子和注碗两个部分。注子、注碗是配套使用的酒器，宋代时最流行。注子是斟酒用的壶，注碗盛热水，注子坐于其中，可以使酒变得温热。这只注碗是一朵向上仰开的莲花形状，由花瓣组成深碗腹，足部为高圈足，装饰着一圈莲花瓣，甚是精美。

更有趣的是这个十分宝贵的古瓷孤品有很多珍奇的

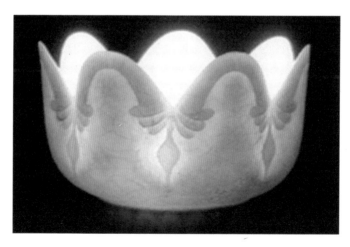

透过光看到如佛家弟子打坐

明洪武官窑釉里红缠枝花卉碗

艺术特点，一是用灯光或阳光映照碗体的每片莲瓣，像一个个虔诚的佛家弟子在打坐参禅；二是碗内壁漫散着一层淡淡的浅粉色，加入热水后，淡粉色会变浓、变深，水越热色越红，水凉后颜色又会逐渐变淡；三是在碗底内中心部分有一幅振翅欲飞的隐形凤凰鸟釉下图，呈现出淡淡的灰白色，只有对着光源，碗体倾斜大约45度，同时视线与碗口也呈45度时，才能看见。

碗的器形虽然万变不离其宗，但是碗上的纹饰却内容丰富。在碗的材质进入瓷器占据主流的时期后，无论是青花的淡描雅致，还是五彩的姹紫嫣红，都在碗的身姿上有所体现，让中国瓷碗的艺术表现力也大大增强。因为是日常生活的必需之物，很多有代表性的瓷器精品有幸以碗的形态保留了下来。

明代洪武年间官窑釉里红缠枝花卉碗。"釉里红"是中国瓷坛的一枝奇葩，以其红白映衬，没有杂色的独特审美魅力而备受青睐，被称为瓷中珍品。这只碗，丰满圆润，呈俗称的"墩子碗"的器型，内外均施釉，釉里以红彩描绘缠枝牡丹纹和缠枝菊花纹，整体造型浑厚大气，是国家一级文物。

中国瓷器的纹饰一般都暗含某些美好的寓意，人们对美好生活的渴望与祝福尤其会体现在饮食餐具上。就拿这件缠枝花卉纹碗来说，寓意极为丰富：碗口沿与足部的对对回纹有"连绵、深长"的寓意；牡丹有富贵吉祥的寓意；菊花象征高洁、长寿。缠枝纹与牡丹、菊花相结合，体现出永久富贵、生生不息的含义，加上回文辅饰，表现出人们对生活所寄托的一种"万代相传、永享富贵"的美好愿望。

三、碗中文化

碗中的文化意蕴丰富，涵盖了中国人的各种文化心理。碗作为一种载体，器形本身还启发了中国人对"空"的观念的认知。中国的禅学讲"人"心应保持一种空无的境界，才可包容更多，甚至整个世界和宇宙。心中空灵方可与自然融为一体，从饮食入口的动作到天人合一的心态，是中国传统文化精神的精要所在。"碗"在形式上恰好是一种中空的状态，自然地造就了它的可包容性与人们内心修养需要的契合。

此外，关于碗，更有不胜枚举的文化故事，先说一个"银碗盛雪"。"银碗盛雪"是一则禅门公案，唐代洞山良价禅师有《宝镜三昧歌》云："银碗盛雪，明日藏鹭。类之弗齐，混则知处。"北宋高僧圆悟克勤禅师编著的《碧岩录》载："僧问巴陵：如何是提婆宗？巴陵云：银碗里盛雪。"银碗盛雪，表现的是一种不着于相、水月相忘的禅境。银碗是白色的，雪也是白色的，内外洁净，一尘不染。表里澄澈，是真？是幻？而浑然一体，是表象？是真无？这是在启发身处现实中的人们，荡涤心里，保持内外的透彻，获得心的空明与自由，从而换来宁静而祥和的生活。

再说"渣胎碗之谜"，关于乡愁的故事。渣胎碗，听名字就能想到是贫困的人使用的一种粗瓷碗，在景德镇里也被称为"灰可器"。而这种碗虽然材质粗糙，彩色青灰，但碗壁却常画满青花纹样，有着浓郁的民间生活气息和文化信息。安徽省繁昌县柯家寨早在宋代就是个烧造瓷器的地方，被称为"繁昌窑"。到了明万历年间，这里偶然烧出一件色如玳瑁，形态酷似寿星老的特别瓷器，地方官便赶快将其进献给了当时的万历皇帝。皇帝看后大喜，下旨要"繁昌窑"再烧造一百件同样的瓷器送进宫里。可这种偶然性小概率的瓷器成品，很难再复制，瓷工们知道要大难临头了，便纷纷外逃，有些人就跑到了邻省的景德镇，继续重操旧业谋生。由于初到景德镇，这批瓷工不但没钱，而且人生地不熟的，只好利用坯坊中清理出来的下脚泥料，当地人称为"脚板屎"的东西做些粗瓷碗，再画上青花去烧了卖钱糊口。流落异乡，剪不断乡思的瓷工们，常在碗上写下"柯家寨"的"柯"字，日久年长，随着产量的增大，字体越写越潦草，变成了一些看似文字的抽象纹式。江浙一带还专门将这些人们读不懂的粗细线条称为"鬼画符"，然而只有繁昌人能解读其中的奥秘，它们其实传达的是

"唯有山茶偏耐久"，"两地蒹葭昨溯伊"，"东风且伴蔷薇住"，"青白无言告家翁"的游子情愫。明代文人唐顺之曾说"直抒胸臆，信手写出，如写家书，虽或疏卤，然绝无烟火酸馁之气，便是宇宙间一样之绝妙文字"。渣胎碗之谜，其实只是一只小碗上演绎着的群体乡愁。

在河北承德避暑山庄的外八庙内，珍藏着一件能充分体现藏传佛教神秘文化的精品法器——嘎巴拉碗。从艺术的角度来讲，嘎巴拉碗是当之无愧的珍品；从文化角度来讲，它是大中华文化中藏民族的瑰宝。

渣胎碗

"嘎巴拉"是梵语"骷髅"的译音，在藏传佛教里象征大悲与空性。嘎巴拉碗就是用人的头盖骨做成的骷髅碗，以生前自修有成的喇嘛的头盖骨制成，常用于举行灌顶仪式。藏传佛教中的密宗修持

嘎巴拉碗

者在修法过程中进行传密法、灌顶等法事活动时，嘎巴拉碗专门用于盛水或盛法酒，由法师将碗中的水或酒，滴在受法者头上或掌心里，受法者将掌心的水一半饮入口中，一半抹在头顶，是以加持，代表冲去一切污秽，让人更聪明。密宗修持者从初入密宗到最高密法，要进行多次这样的不同级别灌顶活动，因而被称为"人头器"的嘎巴拉碗便成了藏传佛教神秘而贵重的常用法器之一。

嘎巴拉碗不仅作为密宗法器在重要的佛教仪式上使用，同时也是藏传佛教重要的供养器，算作一种贵重的舍利，常被供奉于护法神殿和密宗法师、行者的修炼禅房，在寺院的大殿中一般是见不到的。很多做成嘎巴拉碗的头盖骨取自高僧，因为修持较深的结果，有的碗壁上还会"隐隐有文"。藏传佛教的部分男性神灵形象，通常左手中就持有嘎巴拉碗，右手则持有钺刀或金刚杵。钺刀若放在捧于胸前的嘎巴拉碗上方，就表示"智慧"与"方法"的结合，而方法（钺刀）源自智慧（嘎巴拉碗）。女性神灵形象则相反，左手握钺刀，右手捧嘎巴拉碗，代表着断灭一切概念化的智慧，做事的方法要"留有慈悲"。不论怎样，嘎巴拉碗都代表着人类原始野性与内心修持的对抗与结合。

在中国民间风俗中，碗是一种重要的符号道具，与碗有关的风俗非常多，这里我们说个"讨寿碗"的丧葬习俗。旧时，古稀老人过世，一般不会马上下葬，会在家停尸三天。期间办丧事的人家会办丧宴，招待前来奔丧的亲友，第三天早上才送殡，让逝者入土为安。在第二天晚上的丧宴过后，人们就会去讨"寿碗"，以图个吉利。"寿碗"是什么呢？简单地说，就是在超过70岁的逝者丧宴上，宾客们用过的碗，或是主家专门准备的，送给来吊唁亲友的碗。

人们认为逝者的年龄越大，"寿碗"越吉利。尤其是年过80、90岁的老人高寿而逝，讨寿碗的人会多得挤破门槛。讨到的寿碗多被带回家给孩子使用，特别是只有一个孩子的家庭，大人认为这样就可以沾到老人家的寿福，子孙会健康成长，延年益寿。

有些地方，除了讨寿碗外，还有"偷寿碗""赠寿碗"的习俗。来源于以前个别奔丧者，为了沾点高寿辞世者的"福气"。又不好意思公开向主家要什么东西，就将丧宴上的碗，悄悄揣进怀里带回去。在中国文化中高寿而逝是极大的喜事，主家因此并不怪罪这种行为，反倒认为这是大家来分享福寿，意味着"老寿去，新寿来"，也是好事。渐渐的，办丧事的主家会索性向奔丧者都馈赠寿碗，赠送时按家庭算，每个奔丧的家庭送一对，暗含"双寿迎门"之意。

再说一种抽象的、平面的"碗"——喜花"扣碗"。"喜花"是民间剪纸艺术的一个门类，用红纸剪成，裱糊家具、箱橱、妆奁盒或各种器具上，在中国广大地区的民间风俗中起到装饰或祈福的作用。喜花中有一类被剪成扣碗样式的"扣碗花"，只应用于嫁娶喜事场合，所代表的意义源于古代的婚俗仪式："合卺"。卺是一种苦葫芦，合卺就是将一只瓠瓜纵向剖为两瓢，柄头处用线相连，两瓢相合谓之"合卺"。而扣碗喜花的造型就是两个碗口上下相对，严丝合缝，颇具"合卺"之意，上下两个碗分别代表一男一女，碗上还剪着不同的花纹，常见的有鱼、蛙、鸡、蝙蝠等动物纹样；莲花、牡丹、菊花、桃等植物纹样；"福""寿""喜""富贵""如意"等文字类纹样，北方的扣碗花浑厚不失细腻，南方的扣碗花严谨而灵巧。有的地区会在扣碗喜花的两碗中间，剪出扣着的娃娃、狮子、蛙、鼠、鱼、蛾等图案，还配有独特的叫法："金钟扣蛤蟆""鼠咬天开"等。扣碗花其实是一种以隐讳形式突出对生命繁衍渴望的符号表达，反映了中国民间传统中老百姓追求子孙延绵、家族兴旺的心理意识。

民间有的剪纸老人还会边剪扣碗花，边哼唱民谣喜歌："鲤鱼戏莲花，两口子结的好缘法"；"对对核桃、对对枣，对对儿女满炕跑，白女子，黑小子，能针快马都好的，绞（剪）成岁万字，新媳妇懂事一辈子"……扣碗花伴随歌声成形，剪出老一辈们对新婚夫妻的美好祝福。

多种扣碗喜花

很多扣碗喜花已经超越了仅代表婚姻的意义，更多地阐释了中国人"天地相合牛万物"的朴素哲学观念。相扣的碗花已超越了日常生活中的饮食用具，代表着中国百姓对宇宙真理的普遍认识：上为天、下为地，上为阳、下为阴，扣碗就像天地合一的混沌宇宙。事实上，若两碗相扣，扣在其中的内容自然是不可见的，而扣碗花中直接剪出的小人、鼠、鱼等图案，是民间艺术的一种主观的艺术造型观念的独特表现手法，这种对物体深层空间的内质认识实际是秉承了人类追求美好事物的天生浪漫的艺术想象。民间剪纸利用了最常见的碗来表现宇宙、生命、子嗣的题材，充满了想象力，让扣碗成为喜花的一种原型，发挥着艺术的符号功能。

看似空空的碗，其实承载着中国民以食为天的文化精髓，里面不但盛放着人们与生俱来的对食物的需求，更包纳着人类繁复多变，深奥多彩的精神追求。

第四章 盘

一、功能丰富的盛器

盛器是饮食器具中很重要的一大类型，用来盛放食物。相当于今天的餐具，盛器包括盘、盆、碗、盂、豆、盌等等。盘是盛食类器具最基本的形态。盘一直是我们餐桌上不可缺少的重要用具，与人们的饮食生活朝夕相伴。早在新石器时代陶盘就已经出现，并且作为很实用的器物被广泛使用，盘可以说是中国古代食器中形态最为固定、流传年代最为久远的品类。盘作为盛器，功能主要分为盛放食物和盥洗，到了后世也逐渐作为把玩欣赏的装饰摆件。

1. 水器

在先秦时期，陶盘、青铜盘基本是用来盥洗的用具。我们将这类功能的盘称为水器。

　　中国商周时期王室贵族在举行各种祭祀活动时都要遵循严格的盥洗之礼，盘作为盛水器皿自然成为礼器的组成部分。在礼仪森严的时代，古人在宴飨前后也需要盥洗，这不但是对用餐卫生的要求，更是一种礼仪要求。因此盘作为水器在当时既是日常用具也是礼仪象征。

　　盥洗之礼，简单地说就是洗身、洗手的礼仪，目的是昭显清洁，一般小盘用来洗手、洗脸，大盘用来洗浴。盘在当时作为洗手洗脸的用具时，使用方法与今天的洗脸盆等用具是不同的，人们不会将手直接伸进盘中清洗，盘也不会预先盛满水而是空置的，《礼记》中讲过周人进食前清洁双手的"沃盥之礼"是以盉、匜等器皿自上向下为手浇水冲洗清洁，盘则放置于手下方，洗后的水便落于盘内，这是一种用"活水"洗手的办法，使清洗更彻底、卫生，盘的功能仅是承接弃水。这里的"沃"有浇、灌，从上向下倒水的意思，"盥"就是洗手。我们单从金文的"盥"字中就能清楚地理解这个动

作的含义：在浇灌下来的水中清洗双手，下面盛放着接水的器皿——盘。

在西周中期以前盘与盉配合使用。西周应侯盘的内底铸造的铭文"应侯作宝盘盉"，将盘与盉连称，证明西周中期盘与盉为配套的盥洗用具。西周晚期以后，盘更多地与形似葫芦瓢的匜配套使用。

作为水器的盘一般面积很大，多为圆形浅腹，有足，足部有圆圈形或三足、四足形。根据考古发现，商

盘与盉

盘与匜

代早期出现青铜盘器，末期开始流行。商代的盘多圈
足、无耳，西周中时盘的形制发生了较大变化，腹部变
浅，底部变平，将以前更接近于盆的器型变化固定为后
来盘的基本形态。有的加设了双耳或辅首衔环，便于抓
携移动，有的还有流和鋬手，有的在圈足下附加三足或
四足，以增加盘的高度。春秋战国时期的盘出土数量最
多，说明盘在当时的使用达到鼎盛阶段。但战国以后，
盥洗之礼逐渐被废弃，盘的功能随之发生了重大改变，
其水器功能渐渐被"洗"替代，盘更多地向食具功能靠
拢，演变为一直沿用到今天的餐盘。

2．食器

盘作为中国食器中最常见、最成熟的一种，其食器功能却是在它的产生后很久才出现的。随着礼器功能的削弱，以及各种新型材质的出现，盘的形制变得越来越小，越来越轻盈，渐渐成为人们餐桌上的食具。例如，1997年山东临沂商王村一号战国墓出土的精致的漆盘、银盘和滑石盘，它们的外形都很小巧，已经没有了水器功能，而是一种食具。

在战国后期，出现了一种有足的大食盘，用于送餐和就餐，被称为"案"，"案"就是取安置食物的意思。古人解释为无足之盘称为盘，有足之盘称为案。我

银盘纹饰摹图　　　　　　　漆盘纹饰摹图

们也可以理解为盛食物的矮脚托盘，现在出土的实物案最早为战国时期的。案一直被沿用至唐宋时期，宋代以后到今天的大托盘、大茶盘等一定程度上都有案的遗制。

作为食具，盘常常以圆形平底的样式出现，偶尔也有方形和椭圆形的，更有带足的。食盘有陶质、漆木质、铜质、金银质和瓷质等多种材制的。汉代时漆器制作工艺发达，木胎、布胎的盘具得到广泛应用，大大小小的食盘得以推广。一直到魏晋时期食盘的形状都比较简单，分为深腹圆底和浅腹平底两种，而且都为圆形，有特殊需要的情况下才会偶尔出现方形的，不过三国时期出现过很像现代快餐盒的盘，盘中有多个格，是用来放干果、点心的，也算是别有创意。

在进入南北朝以后尤其到了唐代，盘的样式发生了丰富多彩的变化，盘的材质以瓷和金银为主，更有玉石、玛瑙、水晶、象牙、犀角、玻璃等珍贵材料。在唐代海纳百川的文化环境下，人们的审美需求也得到了丰

三国时期越窑青瓷方格盒

富多样的发展，盘作为食器也体现出人们在日常生活中对美的强烈追求，此时盘的形状和花纹显得极其丰富而有审美趣味，除了原始的圆盘、方盘，还出现了牡丹瓣盘、荷叶盘、菊花盘、腰子盘、葵花盘、八角盘、十方盘，以及代表唐代审美标志性的莲花盘，甚至有融合了中亚文化的貊盘。

　　金属盘上常常刻有生动美丽的动物植物纹饰，瓷盘则釉色丰富细腻，图案多姿多彩。唐三彩盘是唐代独特的瓷盘类型，下图呈现的这只绿釉三彩盘通体以绿釉为

唐代莲花瓣伏龟金质对盘

唐代花角鹿金花银貊盘

绿釉三彩盘

北宋青釉力士托荷叶高足盘

外销青花盘

明代瓷盘

底，盘心刻一团花，外环荷花、花蕾及荷叶纹，施以黄、绿、白三色。造型规整，盘心图案以刻花方法填彩而成，画面呈现凹凸状，立体感强。由于采用了素烧工艺，胎体致密，色调清新淡雅，在三彩盘中较为少见，堪称唐三彩器中的精品。

到了明清，中国瓷器发展到了巅峰状态，瓷器烧制成的食盘也随之到达了工艺顶峰，为后世留下了很多图案精美、色泽靓丽的瓷器食盘。

3.托盛器具

盘从本质上讲就是一种托盛器具，无论置于盘中的东西是什么，它最主要的功能就是托物、盛物。除了接水、盛水和盛放食物外，盘的家族中有一种比较大的托盘，可以用来放置酒具、茶具、餐具或礼物等，一般用于手持递酒菜、物品等。手持托盘一般都比较大，有圆有方，甚至有很多奇特的造型，如多边形、莲瓣形、寿桃形。因为自身的功能特性，托盘要求轻便又坚固，所以木质的居多，也有金属的。

南宋有一本《都城纪胜》的书，记述了南宋都城临安市民的生活与工商盛况，对风俗典礼的描述中专门讲到托盘，也提到朝廷甚至设有"台盘司"一职，掌管托盘、打送、出食、接盏等事宜，说白了就是专管递盘端碗。文中所指的托盘就是手持的盛物盘。手持托盘既可递送酒菜又可递送一般物品，中国传统小说里有很多描写都能证明这点。《水浒传》第三十九回宋江在浔阳楼待客，酒楼的酒保"少时，一托盘把上楼来，一樽蓝桥风月美酒，摆下菜蔬、时新果品、按酒，列几般肥羊、嫩鸡、酿鹅、精肉，尽使朱红盘碟。"用托盘呈送而来的是各种酒菜、果品。《金瓶梅》第七回里西门庆为娶孟玉楼，给媒人薛嫂的谢礼就是以托盘递送过去的："西门庆便叫玳安用方盒呈上锦帕二方、宝钗一对、金戒指六个，放在托盘内送过去。"

盛放物品的盘，除了手持的托盘外，还有放置在桌案等处的"承盘"。因为常为摆设之用，很多承盘兼具

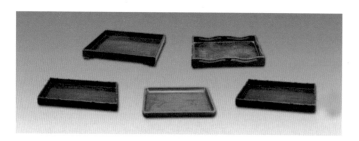

红木承盘

观赏和实用双重功能。承盘里比较有特点的是"都承盘"和"茶盘"。

都承盘是一个用来盛装小件物品的方形木盘柜，旧时文人喜欢用它来放置笔墨纸砚、文玩摆件，甚至用来端茶递水，不仅稳固方便而且别有一番雅致。都承盘有时又写作"都丞盘""都盛盘"或"都珍盘"，意思是一个盘具可以承放多种东西，有着包罗万象、海纳百川之意。都承盘的设计也是多种多样，有的是单层的，简约大方；有的是多层的，还带有抽屉，更加美观实用，一般四周都做有栏杆，虽然装饰不多但仍流露出一股古韵文化之气息。都承盘的功能在古时更像今天我们所说的收纳盒、收纳筐。常用小叶紫檀、黄花梨、红酸

清代黑酸枝老红木大开窗鱼门洞都承盘

枝、金丝楠、沉香、檀香等材质制成。

因为文人雅士常将其用于陈设小件文玩器物或文房四宝，所以它更像是一种案头的小型家具，能将杂乱无章的文件、小件归置齐整，还可用以递茶端酒招待客人，既可观赏，又有实用价值，还透着中国文人独特的文雅隽秀之气。

茶盘则是专门用于盛放茶壶、茶杯、茶道组、茶宠乃至茶食的浅底的器皿，是盘具中材质最广泛、款式最多样的一类。选材之广泛，金、石、木、竹、陶皆可

茶盘

茶盘

茶盘

取，以金属茶盘最为简便耐用，以竹制茶盘最为清雅相宜，以石材茶盘最为形态多变；形态之多变，几乎没有任何大小、高矮的局限，也没有形状上的限定，很多石头茶盘和木头茶盘都是工匠根据原材料已有的状貌特征，依势加工而成的，具有很高的天然与加工融合之美。

茶盘是中国茶文化的产物，结合盘的托物、盛放功能于一身，又兼顾审美价值。茶盘更是与案几等家具有所关联，吸收了案几的特质，浓缩为陈设茶具专用品的独特案几。在中国传统茶道中，它虽然看似是配角，但这个配角不可或缺，有了茶盘才能有其他茶具的粉墨登场，演绎一场关于茶文化的好戏。

有一种从承盘发展而来的小型托盘，叫作"托子"，也写作"拓子""橐子"。它是杯碗等物的专用托盘，只放一只杯子或一只碗，是从托盛盘具中发展出的一支独特分支。这种小盘子一般只服务于特定的某只杯碗，因而在中国南北朝时期碗盏和托子开始成套出现。托子中央多有凸起或凹陷的圈可供嵌入，使置于其上的杯碗安放稳定，同时为没有耳、柄设计的杯碗增加了端取的方便性。

早在汉代就已经用"讬"字来专指此类小盘，说明其很早就已被广为使用了。目前出土年代最早的托子是广西贵县南斗村八号东汉墓出土的一副琉璃托子和与之配套的琉璃盅。托盘内底有一圆形凹槽，高足杯的足可套入凹槽中。唐代流行沸水点茶，为了避免茶盏烫手，人们多持茶托端杯饮茶。有特点的是，为更好地固定茶盏与托子，唐代托子中央不但有圈，而且这圈被制成从托子内壁向下延伸的中空高足，让盏底可以套在上面。到了宋代托子空足变得更深，盘的边沿也越发向上升高，上下形成桶形，更便于携取，但与其说这种托子是个盘子，倒不如说更像个带盘的空圈。

　　渐渐地，成套的杯和托发展到后来甚至成为一种专门的杯器门类——盖碗，也叫"三才杯"，具有独特的审美特性。

宋代托与盏

盖 碗

4．装饰摆件

人们热衷于用各种漂亮的盘碟来盛放美食，不知从何时起，是谁发现了盘子"站"在壁柜当中的姿态十分优美，从此盘有了特别的装饰功能，成为居家陈设的摆件和可以展示的艺术品。

喜欢盘子艺术品的人将其陈设在支架上，并不发挥它们的实用功能，只做观赏之用。虽然不能确定这种风雅的艺术陈设到底是什么时候兴起的，但可以肯定的是，绝对是各类盘具的制作工艺成熟、设计精美考究的时候开始将其变为艺术品了。在社会整体审美要求极高的环境下才能产生出精美的艺术品，高标准的审美要求更是以成熟而丰富的制作工艺为支撑的。

盘作为用于欣赏的装饰品在唐代就已出现。唐代的《宝应录》一书中记载有种宝盘，作用就是"宝视之盘"，顾名思义就是用来观看欣赏的盘子。其中提到它是由金、银、玉石等各种宝物装饰而成，将它拿出来对向阳光，它会反射出耀眼的太阳光芒，抬头仰望都看不到这宝盘折射的光芒的尽头，感觉华丽到极致。

后来，工艺陈设盘具主要以瓷器为主，兼有漆木器和金银、玉石、玻璃等材质，一般都制作极其精美、原料昂贵，有的甚至出自制器名家之手，是只有一款或一支的孤品。现代人更将一些古董盘器作为收藏品，只陈设并不拿来使用，使当下用于展示欣赏的艺术盘具多了古董这一项。

有的艺术家喜爱在盘子上作画，有的在成品白瓷盘直接作画，这种手绘图画的盘子被用来陈设，目的是展现盘子上精美绝伦的画作，盘子就像纸张、扇面等物件一样成为一种艺术表现形式的载体，也仅仅作为载体。当然除了瓷器，其他材质的盘子也可以被拿来做此类的艺术创作。但有的盘子摆件上面的图案则是在瓷器烧制成之前就用釉料绘好，再送入窑口，最后烧制成器时，图案和盘子便成为一个有机的整体，这种盘子对很多瓷器收藏者很有吸引力。

盘子与生俱来的不施雕琢的单纯味道，瓷器具备的宜装饰宜应用的美丽特性，让其适合摆放在那些钟情清新风格、热衷美食、喜爱特别风情的人家中。盘子、瓷器与墙面或开放式柜子的邂逅结果十分美妙。

盘子可以被挂在墙上，作为装饰性的挂盘，很多拥有大量漂亮盘子的人将它们当装饰画一般来美化墙面。不仅不落俗套，更添一种文化气息，还能与绘画、鲜花、地毯等巧妙搭配。例如精美的方格地毯、蔬果图案的挂盘和满铺的碎花就能轻松地为家营造出令人无法忽视的美感。一些摆件装饰盘与陶瓷器物、朴素灯具、古

粉彩装饰摆件盘

山水装饰盘

董镜、藤筐等搭配，
能彰显出浓浓的怀旧
心情，有故事的器物
才是最佳的装饰品。

装饰性挂盘

5. 舞蹈道具

在中国，盘子作
为舞蹈道具的历史很
悠久。早在东汉便出现了盘子舞，山东沂南汉墓中就有
表现盘子舞的图案，描绘了一名盘舞伎手执长巾在地上
的七只盘子之上跳跃起舞的场景。这就是流行于东汉的
"七盘舞"，跳舞时将盘、鼓覆置在地上。按表演者技
艺高低来分，盘、鼓的数目不等，七只最普遍，舞者有
男有女，在盘、鼓上高纵轻蹑，浮腾累跪，踏舞出有节
奏的音响。盘舞自东汉魏晋经历南朝，是一种盛行大江
南北的乐舞。盘舞这一种优美的舞蹈之所以亡于唐代，
大概是因为它是清乐系统中的乐舞，唐人不重清乐，所以
属于清乐中的很多重要乐舞，都在唐代失传了。

但是今天，我们却能在维吾尔族古老的民间舞蹈中
看到另一种风韵的盘子舞。维吾尔族的盘子舞产生于古

山东沂南汉墓画像《百戏图》中的盘舞

老的库车，流行于乌鲁木齐、伊犁、喀什、麦盖提等地，舞蹈表现维吾尔族人民在节日欢宴时的喜悦心情。

因地域不同而有很多种形式。有的地区由女性表演的抒情的盘子舞，动作婀娜多姿，优美动人，也叫顶碗小碟舞，表演时舞者两手各持一个小碟子，指挟竹筷，和着音乐，边打边舞，并在头上顶着盛水的碗或多只小碗，以增加难度。

有的地区由男艺人表演盘子舞，除用筷子敲打盘子外，还常用戒指敲击，技艺高超的舞者还在头顶放一盏油灯，在桌子上起舞。这种头顶油灯的盘舞与佛教文化有关，以灯喻义佛法之破除黑暗，灯舞也就带有求神赐福消灾之意。汉唐时，西域居民笃信佛教，因此这种舞

盘子舞

蹈的出现应不会太晚，而这种盘子舞由于舞蹈技术性
强，表演难度大，擅长者已极罕见。

二、先秦盘具纹与文

1.凝固的精灵——铜盘上的动物

有学者认为"在商周最早期，神话中的动物可以沟通在世之人的世界与祖先及神的世界"，因此在商周青铜器所见到的动物纹案，将青铜器具作为祭祀礼仪工具的作用极致化了。

作为礼器的盘也不例外，很多青铜盘被铸造得精美绝伦，盘身、盘内甚至足部常常铸有龟、鱼、盘龙之类的精美纹饰。它们有的为平面图案，有的是立体铸造，这些活灵活现的动物纹饰如同来自几千年前的精灵，穿越时空，来到今天，一直注视着中华文明的流淌和变化。

青铜盘上早期只有简单的旋涡纹、云雷纹等，从商代中期开始，动物纹饰大量出现在青铜盘上，有写实的动物也有幻想的神兽。写实的动物纹样主要有鱼、鸟、龟、虎等，幻想的神兽有龙、饕餮等。例如西周应侯

青铜盘中的神兽

盘，是3000多年前分封在今天河南平顶山一带的应国国君盥洗用的铜盘，盘腹部就装饰有一周夔龙纹，简洁而美观。

青铜盘上的动物有时是以浮雕的形式铸在盘中或盘身上，有时则用立体的形态表现，有的立在盘中，有的伏在盘沿或盘身侧面，更有直接被作为把手或盘足的。几千年前能工巧匠的心血凝固在这些灵动的动物纹饰身上，让它们将人类对自然的赞美和对神明的敬畏留存到了今天。

　　以动物作为纹饰的精美绝伦之作，不得不提到一件春秋早期青铜盘器精品——子仲姜。这件用于盥洗的青铜器形体较大，器质厚重，整器风格质朴浑厚，浅腹，圈足，圈足下置三只立体爬行猛虎，老虎身体侧面与圈足边缘相接。盘的前后各攀一条曲角形的龙，龙首耸出盘沿，作探视状，感觉小龙将头露于盘口注视着盘内的小动物，非常调皮可爱，其形态躬背曲体似欲跃入盘内水中。盘内底铸有浮雕的鱼、龟、蛙等水生动物，鱼为七条一周，龟、蛙为相间排列，此种饰法极具春秋早期的特色。盘的中心是一只带有头冠的雄性水鸟，边上为

子仲姜盘

四条鱼，外圈为四只水鸟，造型生动。最有特色的地方在于，所有的动物可以在原地360°的转动，这是以前青铜器中绝无仅有的，可以想象，在主人盥洗的时候，这几只小动物就在水流的冲击下随水转动。

这件子仲姜盘是春秋时晋国太师为他妻子仲姜所作，所以被命名为子仲姜盘。盘内极为精美的装饰与纹

底座虎足

饰体现了当时高超的青铜铸造水平。这只青铜盘整体风格优美可爱，底座的虎这种凶悍兽类都被处理得方口化，抽象和蔼，减去了凶残。盘壁上的小龙更是灵动可人，没有一点凶猛之相。可以看出晋国的这位太师是个心思细腻、为人温良，并对美有一定追求的人，这在当时青铜器风格倾向于神秘化威严化的时代审美环境下实属难得。

曾侯乙尊盘

尊侯乙盘的足部细节图

被誉为商周十大青铜器精品之一的曾侯乙墓尊盘堪
称先秦时期最精美、最复杂的青铜器。因为纹饰的复杂
程度实在太高了,这件器物是曾侯乙墓中唯一无法复制
的铜器。

这件珍品出土时是两件器物:曾侯乙尊和曾侯乙
盘,合称曾侯乙尊盘,尊和盘上的铭文显示这是曾侯乙
的生前用器。尊是古代的一种盛酒器,盘则是水器,曾
侯乙尊盘是尊与盘成套的套具,使用时将尊置于盘上浑
然一体,极其别致,这只水器功能的盘也可以盛冰,其
用途显然是为了冰酒。这件盘具上的动物纹饰非常丰富

而精美。盘直壁平底，足部是四只龙形蹄足，口沿上附有四只方耳，都布满了细腻的蟠虺镂空花纹，与尊口风格一致。四耳下各有两条扁形镂空夔龙，龙首下垂，四龙之间各有一圆雕式蟠龙，首伏于口沿，与盘腹蟠虺纹相互呼应，突破了青铜器满饰蟠螭纹常有的滞塞、僵硬感。这件精美、鬼斧神工的尊盘熔铸了中国古人的艺术心血，证明中国失蜡法铸造技术在两千多年前的战国早期就已达到了极为高超的水准，是不折不扣的中华文明的艺术瑰宝。

2.鸿盘史诗——铜盘里的铭文

因为盘在先秦为大型铜器，所以常常铸有铭文。被誉为"晚清四大国宝"的西周青铜器文物珍品的散氏盘、虢季子白盘，曾因为珍贵的铭文而轰动一时。

散氏盘是西周晚期青铜器，因铭文中有"散氏"字样而得名。传清乾隆初年于陕西凤翔出土。圆形，浅腹，双附耳，高圈足。腹饰夔纹，圈足饰兽面纹。内底铸有铭文19行、357字。内容为一篇土地转让契约，记述矢人付给散氏田地之事，并详记田地的四至及封界，最后记载举行盟誓的经过，是研究西周土地制度的重要史料。

散氏盘的铭文结构奇古，线条圆润而凝练，字形扁平，体势敧侧，显得奇古生动，开"草篆"之端。因取横势而重心偏低，故愈显朴厚。其最大审美特征在于一个"拙"字，拙朴、拙实、拙厚、拙劲，线条的厚实与短锋形态，圆笔钝笔交叉使用，但圆而不弱，钝而不滞，表现出一种浑然天成的美。其字形构架并非是固定不变、呆板生硬的。它的活气跃然纸上，但却自然浑成。特别是在经过铸冶、捶拓之后，许多长短线条之间，不再呈现对称、均匀、排比的规则，却展现出种种不规则的趣味来。其"浇铸"感很强烈，表现了浓重的"金味"，因此在碑学体系中，占有重要的位置。

从书法艺术的角

散氏盘

散氏盘铭文

度来看，散氏盘的铭文作为西周时期粗犷遒劲的金文书法，是学习大篆的极好范本，与毛公鼎铭文、大盂鼎铭文并称为金文瑰宝。

虢季子白盘是在周宣王十二年也就是公元前816年，由虢季子白铸造的，这也正是铜盘名字的由来。铜盘呈长方形，四角为圆弧状，腹下敛，平底，有四个曲尺形的足，铜盘四壁外侧通体铸有花纹，器口缘部周饰窃曲纹，腹部环饰波曲纹，整体纹饰十分精美，又不失敦厚大方、庄重肃穆的西周神韵，为后世长盘之先。更值一提的是，在铜盘两侧，还各有两个向外突出的兽首衔环，环上的花纹呈绳索状。这说明，当年要挪动这个铜盘，必须要套上绳索，由七八个壮汉一起用力才行。盘作为商周时期的水器，造型都为圆形，这种长方形的盘在当时很罕见，而且它的器形巨大，是迄今为止我们见到的最大的青铜盘器，但是它的样子却不显得笨重呆滞，反而纹饰华美，体现了当时比较高超的冶金铸造技术。

虢季子白盘之所以珍贵，不仅在于它的形制，盘内底部正中铸的111字铭文更让人称奇。这些铭文被后人赞为青铜器上的"史诗"，在文学艺术方面具有十分独特的鉴赏价值。虢季子白在西周的历史上是一位赫赫有名的贵族，他曾多次带兵出征，以骁勇善战著称。他制作的铜盘上，就用铭文记录了一场战斗：在西周宣王时

虢季子白盘

期，北方的猃狁族入侵，子白领兵讨伐，指挥有方，在洛河一带大获全胜。战斗中，杀敌500人，俘虏50人。战斗结束后，子白将俘获的敌人献于周王，周王设宴款待子白，并赏赐子白马匹、武器等物。短短一百余字，2800多年前的烽烟历历在目。虢季子白盘上的铭文虽是对战功与赏赐的记

虢季子白盘铭文

录，但其写作手法与《诗经》极为相似。盘内铭文通篇用韵，是一篇简洁优美、富有韵律和节奏感的散文诗，因此提升了它的文学艺术价值。值得注意的是，虢季子白盘铸造于西周宣王时期，这篇铭文的写作时间其实比《诗经》还要早两三百年。

虢季子白盘上铭文的书法，也是西周金文中的极品。有关专家点评，这些铭文的书法颇具新意，用笔谨饬、一丝不苟，圆转周到、很有情致，堪称先秦书法之典范，对后世的影响极其深远。

盘在中国饮食文化中的地位是其他饮食器具所不能代替的。一餐一饭很难离开它，中国人讲饭食常说"盘中餐"，而不用其他器皿形容之，正是因为从古至今，盘从未离开人们的餐食生活。从最早的新石器时代的泥质陶制盘开始，盘伴随中国文化的发展不断演变，从食器、水器、盛器，到礼器、祭器、纯装饰器物、娱乐工具等到处可见它的踪迹。在特殊的历史时期，它甚至成为重大历史事件的记录载体，为中华文明铭刻下灿烂光辉。随着饮食文化的进步和历史发展，盘在中国的用途之广有时甚至超越了饮食器具的范围，也算是中华大饮食文化里孕育出的，体现中国人各种生活意义的器具文化大家族里最重要的元素之一。

第五章　杯

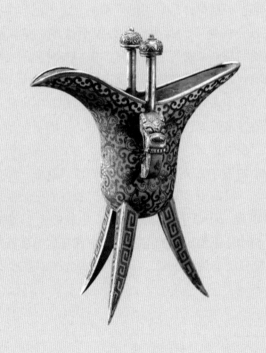

一、应接不暇的丰富种类

"杯"是现代汉语里对盛放液体并用于饮用的器具的概括称谓。在古时候"杯"也做"桮"或"盃",从字面上看早先就与木头与器皿有关,而杯子原始的样子正是用木头剜挖而成的中空的食器或饮器,源于双手合掬的形态。最早杯是有用途差别的,《史记》中有著名的"分一杯羹"的故事,正好说明这点。楚汉相争时期,项羽与刘邦长期对峙,项羽担心长时间下去局势对自己不利,于是抓了刘邦的父亲,在刘邦率大军兵临城下时,项羽派人痛斥刘邦不义,扬言刘邦不投降就杀了刘邦的父亲炖成肉羹吃。刘邦听后,不慌不忙地对项羽说:"咱俩也算是结义的弟兄,我的父亲就等于是你的父亲,如果你要杀了他煮成肉羹的话,就分一杯给我也尝尝。"汉简中也有这个"杯羹"故事的记载,与《史记》吻合。杯除了可以盛羹汤,小些的还可盛酱、盛盐,长沙马王堆汉墓的出土文物中就有这类食器用途的小型杯具,有的还刻着"幸食""幸酒"的铭文,加以区别用途。说明在秦汉以前，杯可能是一类较小的椭圆形进食用具的统称。

当然到今天，杯已经演变成了单纯用于盛放饮品的器具了。在杯的发展过程中，其品类逐渐丰富化，用途明细化，杯算得上是中国饮食文化中很成熟的一个范畴，种类繁多，用途明确，包蕴了厚重的中国传统文化。

杯一类的器物主要用途自饮酒而起，但从现存的出土文物和文献记载来看，陶器中少有专用的饮酒器，说明在大量使用陶器的早期中国饮酒是有限的。到了青铜器繁荣的时代，出现了品类繁多的饮酒器，在人们生活中被普遍使用，而随着历史的发展、语言文字的演变，文化的沉淀变迁，习俗的更替，饮酒器的器型和名称都发生着相应的变化，从青铜酒器衍生出来的古代金、银、玉、骨、陶、玻璃等质地的酒器形状又千变万化，名称也多种多样。

爵

爵是中国古代一种用于饮酒的容器，流行于夏、商、周，尤其在商代和西周青铜礼器中非常常见。爵可以说是最早的酒器，也是最早出现的青铜礼器，功能相当于现代的酒杯。

青铜爵

爵一般为三足，有类似圆柱形的杯身。口沿向两边拉伸，一边是"流"，即倾酒的流槽；一边是尖锐的尾。在杯身一侧有鋬，方便使用者拿握。有些爵在流与杯口之间有柱。此为各时期爵的共同特点。

爵的起源可以追溯到龙山文化晚期，那时已出现了陶制的爵。商代早期，较早的爵等青铜酒器已普遍出现。那时爵的形状为扁体平底，流狭而长。商代中期，爵尾虽然与早期相似，但流已放宽，并出现了前所未见的圆柱形爵。到了晚期，包括爵在内，主要的酒器都出现了方形样式，虽然青铜酒具中方形器只占很小的一部分，但却是极富特征性。到了商代晚期，爵已经经历了由盛及衰的完整过程。随着发展，爵的器形总休来说也有一定程度的变化：流、尾由窄长到宽短；柱从楔状到钉状，再到菌状，而且由低变高，并在很短一段时期内流行过单柱；杯底由平而圆，圆底的弧度由小变大，之后又由大变小；鋬由大变小，从有镂空雕饰变为光素适手，最后出现兽头装饰。整体手感由轻薄到厚重；形状由粗朴到优雅；纹饰由简朴到繁杂。

"爵"很早就出现在各类古籍文献中，甲骨文写

做 🌾 金文写做 🌿。"爵"字用于代表贵族的尊号和等级的差异可能是西周后期的事情。为什么要用"爵"来表示秩次等级呢？因为爵是古代礼仪中不可或缺的器皿，贵族饮宴时行爵有贵贱尊卑之别，持爵而饮、献爵表示尊重等事屡见不鲜。而且在古代礼仪中，爵作为贵族常用器物，普通贵族皆可使用，但其他的酒器则有许多限制。爵作为贵族习用之物，用来表示其尊卑地位，自然也就具有一定的普遍性质。而用"爵"字来表示贵族地位、等级的差别，是比较恰当的做法。作为酒具，爵就成为唯一一个被借名用来称呼贵族秩次等级的器物。

酒文化诞生于早期中华文化的青铜器时期，对酒把杯，是中国人源远流长的文化传统。铜爵是兼具饮酒和温酒功能之器，在先秦礼制的规定下常与斝、卣、盉、尊等配合使用，在中国传统酒器中占有中心地位，到了汉代，爵甚至一度成为饮酒器的总称。后世出现的爵杯、爵盏，是吸收、借鉴了先秦青铜爵的部分形态，发展出的独特杯具样式。爵算是流传至今最伟大的酒文化传统的见证之一。

角

角，是一种主要用于饮酒用的器具。它有两种形

明代 犀牛角雕爵盏

明代德化窑白釉爵盂

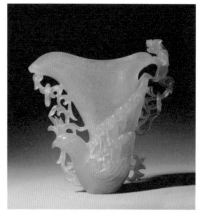

清代玉雕凤纹爵杯

态，或者说有两种形态
的饮器都被称为
"角"：一是形如其名
的角状杯器；另一种则
是类似爵但无流和柱的
酒器。

西周铜兕觥

　　角形的饮器，最早
是用动物的角加工而
成，如犀牛角、水牛角
等，器如其名，也被叫作"兕觥"或"角爵"。后来常
出现用其他材质，如青铜、玉石等仿制的角形杯。

唐代镶金兽首玛瑙杯

商代晚期青铜角

角

这种饮器有着非常古老的历史，河南省禹县谷水河出土过新石器时代的陶制之角。在广西柳州发现过战国时期的铜角杯，形状类似牛角，通体装饰着云雷纹和人字纹，有浓厚的南方少数民族文化气息。

与爵外形相似，但无流和柱的酒器角，是从爵演化出来的一种新型酒器，大量出现于殷商晚期。最初为普通的饮酒器皿，西周中期之后角开始衰落。

角形似爵而口沿处无柱，流变形成与爵尾相同的尖形角状，也可以说前后都是尾，两尾对称，腹侧有鋬。一些角还配有盖，有的盖作成禽鸟展翅飞翔状，非常美观。

"角"与"爵"不但外形相近，连名称的读音都是相同的。但根据文献记载角和爵最重要的区别在容量上，角同爵的容量比为四比一。角的容量是四升，爵的容量只有一升。

卮

卮也是古代的一种饮酒器，圆形、深腹、有环形耳，容量不等，据记载小卮容二升，大卮容一斗，算得上古时候的海量大杯。长沙马王堆汉墓出土的"斗卮"，经过测量能装2100毫升液体，倒入一瓶两升装的饮料不成问题。卮出现于新石器时代，龙山文化遗址中已出土过陶制的卮。

《战国策》中"画蛇添足"的故事人人知晓，但可能少有人知道为什么原文中说"楚有祠者，赐其舍人卮酒。数人饮不足，一人饮有余。"一卮酒，到底有多少？一个人喝不了，几个人分又不够喝呢？《汉书·律历志》中有记载"合龠为合，十合为升，十升为斗。"应劭也解释过："卮，饮酒礼器也。古以角作受四升。"就是说一卮酒为市制四升，约等于现在的4升，即4000毫升。在《史记·项羽本纪》里描写鸿门宴中樊哙闯帐时，说项羽赐樊哙"卮酒"和"彘肩"，樊哙"立而饮之"，之后项羽便称其为"壮士"，并问他"能复饮乎"？喝一杯就被问"还能再喝吗？"对于樊哙这样勇猛的大男子岂非轻视其酒量？事实是，卮杯实

西汉金扣象牙卮

东汉螭纹玉卮

云纹漆卮

在太大，用卮给樊哙盛酒喝，跟拿生猪肘子给他吃一样，是有意刁难。但谁料樊哙海量，"卮酒安足辞"，吃了生肉，喝掉了相当于现在4000毫升的一大杯酒后，还摆出一副"再来啊，再喝几卮都不在话下"的姿态，压根没被项羽难倒。

卮长期以来被广泛使用，制作材料很丰富：陶、木、骨、牙、玉石、琉璃、金银铜等金属均被使用过。从现存的文物来看，卮在历朝历代表现着当时独有的审美特征，但是从最古老的卮出现以来，这种器具的形制一直比较固定，看起来跟现代的马克杯相像，有的还配有盖子。

"卮"不但专指饮酒器，也被作为量词使用。《东周列国志》写道"太子丹复引卮酒，跪进于（荆）轲。"这里的卮酒都是一杯酒的意思。因为卮中之酒没有一成不变的常态，灌满与空着是截然不同的，人们便借用"卮"这种装酒可多可少的状态形容说话随意，没有定见，后来便有了"卮言"一词，被文人借用于称呼自己著作的谦辞。

觞

觞是一种出现于青铜器时代，并历代为人称道的饮酒器。其外形多为椭圆，浅腹、平底，两侧有半月形双耳，有时也有饼形足或高足。因为两侧有耳，所以名称逐渐被通俗化为"耳杯"。它出现于战国时期，一直沿用至魏晋，其后逐渐消失。

耳杯最早也被称为"羽觞"，这个美好名称的来历源于耳杯的形状。耳杯杯身多为椭圆形，长的两边各带一只用于把持的耳状手柄，这对弧形耳柄常常被制成微微翘起的样子，恰似鸟张开的双翼，加之耳杯多以木胎漆器或夹纻漆器制成，杯质轻盈，所以古人又借羽之轻来加以比喻，耳杯便得了"羽觞"的雅名。它最初盛行于战国时的楚地，是一种用来饮酒的杯子，自从问世，"羽觞"就成为所有酒杯的代名词，《礼记》中记载人们双手执耳杯敬酒或自饮为"请行觞"，类似今天的举杯相敬，成为中国酒文化中的一种礼仪模式。随着时代的推移，到了魏晋以后其名称俗化为"耳杯"。

西汉初年刘邦封赏与他共打天下八位异姓王，其中越族人吴芮被封为长沙王。1993年，考古工作者在长沙市望城坡发掘了一个大型墓葬，正是这位长沙王后代的王后墓，这是一位下嫁给长沙王的西汉公主，因此墓葬规格颇高，文物精美，其中就出土了三只光泽细腻、绘图精美的漆质耳杯，它们因为杯底均刻有"渔阳"二字，即被称为"渔阳"耳杯。这三只耳杯十分珍贵，它们显示了汉代漆器制作技艺的高超水平，又具备了西汉审美特征的代表性元素，尤其是对凤鸟的刻画，线条流畅、造型生动，有一种鸟飞云端的飘逸美感，同时展现了汉代凤鸟崇拜的文化精神。

秦汉出土多为髹漆木胎的，漆耳杯一般有素面和彩绘两类。耳杯还有陶制、铜制、玉石质地等多种材质，其中玉石质地的尤为珍贵，应为贵族阶层专用的饮酒器。耳杯还是中国玉器史上使用时间最长的器型之一，汉代耳杯的造型是后代此类玉器造型的滥觞，直到明清时还有沿袭耳杯的器物作品。

"渔阳"凤鸟纹漆耳杯背面、正面

　　"羽觞"这一优美的名称使耳杯的故事令人充满诸多遐想。《汉书》中记载，西汉时成帝宠爱的班倢伃怕

汉代玉羽觞

东汉宴饮画像石中的耳杯

被得势后的赵飞燕姐妹所害，请求皇帝允许她到长信宫
去奉养皇太后。明哲保身的班倢伃退居东宫，在冷清的
生活中常常饮酒消愁。她写过赋哀叹自己的命运"酌羽
觞兮消忧"，谁能想到一位汉代的美女将酒倒入羽觞之
中，纤手端起，仰颈长饮，哀伤寂寥的景象。而现在留
下的只有那一只只如鸟翼展翅的羽觞。

盅

盅是比较小的、没有把的圆口杯子，用于喝茶饮
酒，又叫盅子、盅儿，也写作"锺"。盅有带盖的和无
盖的两类，盖盅流行于清代，一般作为茶具使用。《红
楼梦》第四十回就描写道："只见妙玉亲自捧了一个海
棠花式雕漆填金云龙献寿的小茶盘，里面放一个成窑五
彩小盖盅，捧与贾母。"妙玉为贾母奉茶用的正是当时
流行的有盖茶盅。

酒盅常见的有陶瓷、玻璃、玉石、金属等材质，它
的形制其实是由以前的盛酒器——壶慢慢发展而来的，
演变成了一种圆口深腹的酒杯，有的还带有圈足。酒盅
中浓缩了丰富的中国酒文化，清代朱琰在《陶说·宋
器》中解释道："酒杯亦酒锺。"直接将酒杯都称为酒
盅。其实酒盅的器形一般都比较小巧，苏东坡说过"薄
薄酒，饮两盅"说明用酒盅喝酒每口都比较少，并喝不

清乾隆年间金地粉彩福寿宝相纹盖盅

琉璃酒盅

多，"薄薄"小饮而已。想用酒盅多喝酒，频率就得快，名堂也就相对多。人们初次见面要端盅，碰一个喝一双。喝一盅叫作一心一意；喝两盅美称双喜临门；喝四盅是四季发财；喝六盅谓六六大顺；喝七盅谐音"喝起"，象征高升；喝十盅称十全十美；喝十二盅意味着"喝一年的酒"，象征圆圆满满，等等。

盏

盏实际是由食器演变而来的饮具，有些地方会用小盏装酱和盐，称为"酱杯"，例如马王堆一号墓出土的二十枚小杯具，其中就有用来放酱和盐的。但魏晋以后尤其从唐代开始，杯盏主要还是用于饮茶、喝酒，成为一种能喝茶饮酒的腹略浅、以圆形为主的敞口小足杯子。《方言》里解释"盏"就是"杯"，而且是一种小杯。唐杜甫有诗云："但恐天河落，宁辞酒盏空。"

盏有很多好听的名字，玉石质地的盏被称为"琖"，用动物犄角制成的盏称为"角盏"，体积很小的酒盏被称为"蚁盏"，原因是酒倒入杯盏时上面的浮沫像蚂蚁，因此专门用"蚁盏"来指代小酒杯。

茶盏常配有杯托，也叫盏托。有时候杯子配着托盘使用，整体被称为杯盏。这种形式始于汉代，发展到东晋的时候为了更稳固地托住杯子，杯托中心出现了下凹

金酒盅

瓷制酒盅

或是凸起的托圈。到了唐代茶盏配杯托很盛行，托子常常设计成荷叶卷边状，上托莲瓣状茶盏，颇为精巧动人。盏托中央不但延续了有托圈的特点，而且圈逐渐被制成从内壁向下延伸的中空高足，让盏底可以直接套在上面。到了宋代的杯托中空足变得更深，盘的边沿也越发向上升高，上下形成桶形，更便于携取。

另外，杯子除了装水盛酒以外，古人还有一种专门用于熏香的杯器，叫作熏杯。在中国的传统习俗中，熏

杯盏

香有着悠久的历史，楚人尤为重视。在湖北曾侯乙墓、信阳长关台楚墓、江陵望山沙冢楚墓等多处历史墓葬中发现过熏杯实物。

杯盏

从用途来看，熏杯只用于熏香消毒，说明古时楚人的生活质量是很高的。典型的楚式熏杯为敞口，杯壁镂，平底。下图

战国时期　凤纹铜熏杯

是一只战国时期楚国的铜质凤纹熏杯，做工精细，整体纹样和谐统一，由八只相互蟠绕的变形凤纹构成，凤纹之上又铸有三角云纹和卷云纹，图案典雅。可见当时楚国的制铜冶炼技术已经非常成熟，楚人对器物工艺水平的追求也极高。

二、与酒、茶文化的密切关系

杯，究其功用来说，终身与酒、茶为伴，在人们的举杯畅饮间体现着自身的价值，更体现着品饮者的审美情趣和文化品位。

杯盏在中国的酒、茶文化中占到十分重要的位置。下到百姓人家上到皇权贵族，人们的生活饮食是离不了酒和茶的，尤其是文人雅士，饮酒品茗更是其生活情趣一大所在。

酒自古与国人的礼仪紧密关联。"礼以酒成"，先秦时起，重要的国家祭祀仪式上都有烦冗复杂的敬酒、饮酒礼仪，盛装各种酒的器皿自然成为礼器的组成部分，青铜的爵、斝、觯、尊、彝、罍、壶、勺等饮酒器、盛酒器、取酒器形成了酒器的庞大家族。先秦时期的酒器发展浓缩着中国上古文明的演变过程，随着时间的推移和器物发展的规律，饮酒器逐渐褪去礼器的神圣光环，成为人人可把玩欣赏使用的日常物品。流传到今天虽然经历了器形演变、淘汰等复杂的过程，但酒杯这一物件一直生命力顽强，发展蓬勃繁荣。而且中国人将我们民族对于酒的独特感情和无形的文化意蕴都固化在了每一件有形的饮酒器——"杯"之中。

在中国，酒大约产生于6000年前，作为液体，自然需要盛装、取饮的器物，于是酒器的产生与酒的出现应该是同步的。这个时期的饮酒杯多是陶土制成，造型粗朴、可爱，杯中浊酒也渗透着泥土芬芳的气息。后来出现了青铜冶炼技术，人们开始使用铜制的酒器，在铸造过程中，使用者对美的追求使器物的艺术价值也逐渐提高。

自汉代起，为了轻便实用，人们大量使用漆器。觞成了最为流行的饮酒器。

魏晋南北朝，文人风骨借着持觞畅饮显露无遗。竹林七贤就常聚于一片竹海之中，曲水流觞，畅饮赋诗。三月三日上巳节，禊饮踏青，人们也要曲水流觞。所有临水祓禊及水滨宴会活动都在这天进行。"三月三"水滨宴会作为民间节日习俗的一面，"曲水流觞"活动是上巳节中派生出来的一种风俗，由"修禊"的巫术仪式逐渐演变过来，成为士族阶层踏青游乐的一个雅致的情节，这个群众性的节日逐渐演变成古代文人的"沙龙"，并成为上巳节活动的重要组成部分。阳春三月，临水而宴，人们在举行完祓禊仪式之后，环坐在水渠或小溪旁，把盛着饮酒的觞放在流水上，任它随流漂下，停

曲水流觞

在谁的面前，谁就取来饮,这叫作"曲水流觞"。东晋穆帝永和九年(353年) 三月三日，著名书法家、文学家王羲之在邀请谢安、谢万、孙绰等名士大夫四十一人在会稽山阴(今浙江绍兴) 的兰亭春游，是历史上最有名的一次"修禊"活动，在此王羲之写下了有名的《兰亭集序》。

我国是个多民族国家，少数民族的民俗中也多喜爱喝酒，使用的杯具却与汉民族不完全相同，形状、材质都有特别之处。下图是一只彝族的禽爪杯，彝族有的漆器很有名，相貌变化多样，这只酒杯就是将处理过的鹰爪与漆器结合制成的。还有北方游牧民族常用的牛羊角杯，以及一些其他少数民族中用家畜蹄子制成的畜足杯等。但是由于现在注重生态保护，这类杯子已不多见了。

饮茶可以算是中国人很古老的日常习惯。中国是茶故乡，人

彝族鹰爪杯

们对茶的热爱灌注着对生活的情感。中国人爱喝茶，更懂品茶。"品"自然要将所有的感官系统调动起来，与香茗相配的美器就是为了满足视觉与触觉，茶杯可算是茶具中最重要的一项。

古代饮茶器具主要有"茶梳"(碗)、"茶盏"等陶瓷制品。茶盏在唐以前已有，《博雅》说："盏杯子。"宋时开始有"茶杯"之名。陆游有诗云："藤杖有时缘石瞪，风炉随处置茶杯。"茶杯又被誉为品茗杯，本身对茶汤品质没有太大影响，但是中国人喝茶比较注重视觉效果，如果选择不同茶杯，所装的茶汤带来的视觉效果会有差别，比如颜色偏青的白瓷会增加茶汤的绿色，如果用它喝绿茶，效果会更好。

中国人饮茶，注重一个"品"字。品茶不但是鉴别茶的优劣，也带有神思遐想和领略饮茶情趣之意。在百忙之中泡上一壶香茶，择雅静之处，取小杯自斟自饮，可以消除疲劳、涤烦益思、振奋精神，更可以达到美的享受，这时茶杯对于饮茶的感官享受起到的作用自不可小视。在中国的茶文化中，茶杯作为重要的组成部分，自然有着举足轻重的影响。

三、雅器与美名

李白说："古来圣贤皆寂寞，唯有饮者留其名。"
其实，留名的何止饮者，饮具的美名也数不胜数。许多
杯子被古人冠以特殊的名号。而名号常与杯子的器
形、来历，或与杯子有关的故事、所承载的文化相
关，甚至有些还是人们美好意愿的寄托。

三雅

三雅：是伯雅、仲雅、季雅三杯的合称。它们是青
铜爵的一种，以盛酒量的大小区分成伯、仲、季三级。
传说刘表有一套酒爵，大的叫伯雅杯，能盛酒七升；中
的叫仲雅杯，能盛酒五升；小的叫季雅杯，盛酒三升。
这种酒杯始于东汉，到了明代，这种三雅套杯还与宴席
间人们掷骰子行酒令的玩法相配，衡量行酒的多寡。大
概玩法就是掷出一、二点用季雅喝一杯，掷出三、四点

用仲雅喝一杯，掷出五、六点用伯雅喝一杯。

叵罗

叵罗：李白在《对酒》诗中说："蒲萄酒，金叵罗，吴姬十五细马驮。"瞿蜕园、朱金城校注："叵罗，胡语酒杯也。《旧唐书·高宗纪》作颇罗。"明代唐寅的《进酒歌》有"吾生莫放金叵罗，请君听我进酒歌"句，清黄遵宪《樱花歌》也有"鸽金宝鞍金盘陀，螺钿漆盒携叵罗"的描写，清代刘翰的《李克用置酒三垂岗赋》也有"金叵罗颠倒淋漓，千杯未醉"语，历代都有许多对叵罗的描述。

那么，这些诗文中频繁提及的"叵罗"，究竟是什么样子呢？其实叵罗杯是南北朝时期由萨珊、粟特人从西域带入中原的，"叵罗"本就是从波斯语音译而来的。这种盛行于唐代的酒杯，口敞底浅，多曲边，从出土文物中来看，有四曲、八曲、十二曲的，材质丰富，从金属到玉石、瓷器均有，它的造型看起来像是模仿砗磲或大螺的壳。

《北齐书·祖珽传》讲了个趣事说："神武皇帝一次宴请寮属，于坐失金叵罗，窦泰令饮酒者皆脱帽，于珽髻上得之。"宴席间，大家都没有离开座位，但皇帝桌上的金叵罗却不见了，窦泰就请饮酒的人都脱下帽子，原来是祖珽将金叵罗顶在发髻上，藏于帽子下面了。朝廷官员应该什么都不缺，却要偷拿金叵罗，可见它在古时候还是很珍贵的。可是到了宋代，"叵罗"这种称谓逐渐消失，提到叵罗杯，人们已不知所云，更无法将这个充满异域风情的名字与具体器物对号入座了。后来"叵罗"则变成人们心中某种美丽而神秘的酒杯名而已。

北魏八曲银叵罗杯

碧筒杯

碧筒杯：也叫碧桐杯、碧筒饮，是一种天然又有情趣的酒杯。古人采摘、刚刚冒出水面卷拢如盏的新鲜荷叶用来盛酒，将叶心捅破使之与叶茎相通，然后从茎管中吸酒。用荷叶的莲茎喝酒，当酒入口中时，多了一丝荷叶刚出水的凉意和清幽的芬芳，真是消暑畅饮的美物。用来盛酒的荷叶，也被文人雅士誉为"荷杯""荷盏""碧筒杯""碧筒饮"等，还因其茎管弯曲状像象鼻，又有"象鼻杯"之称。

唐代段成式《酉阳杂俎》中记载，魏正始年间，每遇三伏之际，郑悫常带着宾客、幕僚在历城（今山东济南）使君林避暑。他们每每连茎摘取大莲叶，以簪子刺叶，使茎柄与叶子相连处贯通，在莲叶上倒酒三升，大家"屈茎上轮菌如象鼻，传噏之，名为碧筒杯"。据称酒味杂莲气，香冷胜于水。

有很多诗文都赞美过这种碧筒杯：

宋　窦革　《酒谱·酒之事三》引作"碧筒杯"。

宋　苏轼　《泛舟城南会者五人分韵赋诗》之三："碧筒时作象鼻弯，白酒微带荷心苦。"

明　杨慎《碧桐杯》："唐人《碧桐

杯》诗：'酒味杂莲气，香冷胜于冰。轮囷
如象鼻，潇洒绝青蝇。'"

　　明　冯惟敏　《此景亭雨酌》词："碧筒
纵饮，清商朗讴，海天一雨彩虹收。"

　　明　高明　《琵琶记·琴诉荷池》："金
缕唱，碧筒劝，向冰山雪巘排佳宴。"

　　清　赵翼　《小北门下看荷花》诗："带
得馀香晚归去，月明更醉碧筒杯。"

　　设想若时在六月，碧荷连天，以一杯酒、一盏荷叶
效仿魏晋诸公的碧筒畅饮，在家中、酒吧，或独处，或
三五好友呼和，必定风雅如斯。

明代　陶制玉莲叶杯

夜光杯

夜光杯，是一种十分珍贵的饮酒器，大约出现在2000年前。原来是朝廷贡品。汉代著名文学家东方朔著

夜光杯

《海内十洲记》记载周穆王时，西胡进献昆吾山割玉刀以及夜光常满杯。昆吾山割玉刀长一尺，夜光常满杯能盛三升酒。昆吾山割玉刀切割玉石就像切割泥块一样容易，夜光常满杯是用白玉之精做的，它的光明在夜里就像萤火虫一样。这里的"白玉之精"就是甘肃祁连山麓出产的老山玉、新山玉、河流玉等，因为这些玉种质地细腻，呈现的墨绿色、浅绿色、黑色、白色、黄色等多种色泽能在夜间发光，所以被统称为"夜光玉"。在能工巧匠的雕琢下这些玉石被制成大小不等的平底杯、高脚杯、雕花杯、金银掐丝杯、九龙杯等，色彩绚丽丰富，白如羊脂，黄如鹅绒，绿如翡翠，黑如乌漆。以"壁薄如纸，精致小巧，玲珑剔透"著称。而且耐高

老山玉茶壶与杯

温，抗严寒，烫酒不爆不裂，严冬时不冻不炸。白玉是种热容较小的物质，相同条件下温度变化显著，用上等白玉做成的圆锥体，放在空气中，不断有水滴产生，杯中的水由水蒸气在白玉上液化形成，能使其常满。

夜光杯把玉石与酒具二者在艺术处理上，巧妙地糅合一起，既是实用品，又是艺术品。盛满红葡萄酒的夜光杯，在皎洁柔和的月光映照下，分外光明透亮。杯中酒里，神奇地泛起迷人的荧光，被誉为"杯中一绝"。

公道杯

公道杯：是中国古人将物理学中的虹吸现象运用在日常生活中的体现，是积聚了智慧结晶的一款中国传统杯具。公道杯杯心中央有一个柱形的空心瓷管与杯体相连，管头有口，杯底有个小孔直通瓷管。盛在杯内的液体水位若低于瓷管上口，不会漏出；若水位高过瓷管上口，液体就会通过杯底的孔漏光。虹吸原理让这种杯子盛酒时显得很"公

明万历青花诗文公道杯

道"，只能浅平，不可过满，否则，杯中之酒便会全部漏掉，一滴不剩。正是此因，这类酒杯才得名"公道杯"。

明代万历景德镇窑青花诗文公道杯。杯外壁用苍劲有力的笔法写有诗文，大意是说：酒斟半杯就可以得以饮用，酒满则要全部漏去，人不能过于贪婪，否则，将得不偿失。从诗文中我们得知,这只杯子当时被叫作"漏其卮"，"卮"，上文提到过，算是古代的海量杯，"漏其卮"则明确表示杯中酒是有可能被漏出去。这种体现着中国古人智慧的杯子中，既蕴含了"知足者水存，贪心者水尽"的人生哲理，又融合了科学技术的智力结晶。是谓"杯中诠释公道，酒里彰显中庸"。

水晶杯

水晶杯：顾名思义就是用水晶材质制成的杯子。现代人看来并不稀奇，但是中国早在战国时期，就已经有了成色极佳的水晶酒杯，在当时的工艺条件下实属罕见。浙江省杭州市文物考古研究所内藏有一只高15.4厘米，敞口、斜壁、圆底的战国时期水晶杯。这只造型看上去很符合现代人审美情趣的酒杯，呈琥珀色，表面无纹饰，是经过抛光处理的，透明度极高。杯身上有一些天然裂纹，中部和底部还有海绵体状自然结晶。此水晶

战国水晶杯

现代玻璃杯

杯是用优质天然水晶制成的，国内从未出土过纯度如此之高的大块水晶制成品，至于战国时期，人们是怎么取材得到它的，又是用什么技术进行抛光的，至今仍是未解之谜。与现代的玻璃杯相比较，这只水晶杯一样晶莹剔透，线条流畅细腻，古人的审美水准之高，工艺之优异令人惊叹，不得不说这是中国历史上一只名副其实的杯中美器。

当然，对水晶剔透质感的欣赏，中国历史上都有延续。在西安何家村出土的众多珍贵文物中，就有一件水晶八曲长杯，器形之优美，质地之细腻，称得上是中国历史中别无二致的杯器。这件杯型正是上文提到的叵罗杯形，虽然水晶质地没有战国水晶杯那么透亮，但作为水晶制成的叵罗酒杯，中国历史上如此完美无瑕的，也就这一件而已，其还被后世音译为"水晶不落"，颇有诗意，真正是美器配美名的典范。

杯在中国的发展历程里已逐渐超越了单纯的饮器功能，上升成为具有一定文化审美功能的载体。虽然最初的杯为木质或陶质，但经过上千年的发展，到今天制作杯所采用的材质之广泛，不得不说超过了所有其他各门类的餐饮器具，取材的丰富造就了其造型、纹样的多变，使得中国人的审美趣味和文化内涵在它身上大放异彩。因此，小小的杯中承载着的是深远的历史文化探究价值和深厚的美学意蕴。

唐水晶八曲长杯

第六章 筷

一、中国最重要的进食器具

筷子对于中国人来说是极其平常的日用之物，平常到每日三餐不离其旁，平常到使用它就如同是中国人的本能。但一双小小筷子，简单的两支小棍却承载了不同寻常，且耐人寻味的中国文化的最古老根基。

中华大地自古以农耕为生命基础，这片土地上孕育的文明是一种从幼年起就植根于土地的文明。基于对食物最原始的需求，筷子作为中国人最基本、最重要的进食工具，正是中华文化由博大到极致简约的浓缩符号。

关于筷子的起源有个古老的传说：在尧舜时代，大禹受命治水。为了黎民百姓不受洪水之苦，大禹日日忙碌，勤于治水，忙得三过家门而不入，别说休息，就是吃饭也舍不得耽误一分一秒。大禹常觉得时间紧迫，在野外进餐时，不愿浪费时间等肉汤凉，但汤水滚烫，无法下手捞取食物。于是大禹急中生智，就想了个办法——找两根树枝把肉菜从热汤中夹出来，这样既可以快速吃到煮熟的食物，又不烫手，还能保持手的干燥状态，让它少沾染油腻。看到大禹这么做的人觉得这是个巧妙的办法，久而久之，效仿的人越来越多。就这样，筷子便在大禹的手中诞生了。传说的真实性当然是无从考究的，不过因为热食的出现而产生筷子的理由是充足的。这则传说证明因熟食烫手，筷子应运而生，这是合乎人类生活发展规律的。

筷子的出现，并不是谁孤立的发明创造，也没有神话传说中那般神秘莫测。它就是中华大地上的先民们在漫长的饮食发展中逐渐以智慧和经验凝结创造出的产物。

筷子起源于黄河、长江流域的农耕文明，催化自人类食用热食的行为。远古先民从懂得刀耕火种开始改变了茹毛饮血的生活习惯，开始用火将食物加工至熟。但是在食用熟食提高生活质量的同时，烈焰和热汤的高温引发了新的难题：它们阻止了人直接伸手抓捏食物，于是人们想到利用一根小木棍棍或几节树枝替代手指，渐渐地，这些木棍树枝变为手的延伸，成了今天筷子的雏形。先民们用最质朴的思维将灵巧的手指借助两根树枝加以延伸，用通过狩猎和劳动锻炼的灵巧双手来掌控这两根小小树棍自然由生疏到熟练，由笨拙到灵巧。经过无数代先民反复地试验和实践总结后，"筷子"这种简单而实用性极强的进食器具终于诞生了。

《中国饮食器具发展史》一书中描述道："从饮食

器具的发展历史看，旧石器时代还没有发现饮食器具遗存，当时有可能用树枝夹食以火烧烤的肉食，由于条件有限，不能保存下来，故迄今为止还没有相关的实物资料可证。"中国会出现筷子并非大禹一个人的功劳，在新石器时代我们的祖先发明了陶器，用陶釜、陶甑等煮食物吃，促使了筷子的出现。将食物放入陶器中加水煮熟或将食物放入炭火中烤熟的过程中，为了让食物的受热均匀，先民会用树枝或木条翻搅使食物不烧糊烧焦，而为了能趁热进食，可能直接用树枝或插或夹而食之。《礼记》郑注："以土涂生物，炮而食之。"这是把谷子以树叶包好，糊泥置火中烤熟。这种烤食法也推动了箸之形成，不断用树枝拨动使其受热均匀。天长日久，筷子的雏形也渐渐地在先民手中出现。

人类的历史是进化的，随着饮食烹调方法改进，饮食器具也必然随之不断发展。原始社会，以手抓食，到了新石器时代，祖先进餐大多采用蒸煮法，主食米豆用水煮成粥，副食菜肉加水烧成多汁的羹，以手来抓滚烫稀薄的羹，是不可能的，于是筷子便成了最理想的餐具。单以匕匙进食已不能适应烹饪的进化时，筷子也就随之而出现。

筷子从原始时期的各种饮食器具中脱颖而出，成为中华民族历代相承的最重要的进食工具，有其必然原因。首先，筷子取材丰富。竹、木、骨、金属等各类材料都可以作为筷子的加工原料。尤其是竹子、木头更是可以随处截取，为筷子的普及提供很大的空间。其次，由于取材方便，形状细小，用料不多，成本自然低廉，保证了每家每户每人的使用。人们从来不担心吃饭缺少筷子，它算是价格最低廉而最实用的日常工具。再次，由于短小纤细，易于携带，非常方便，即使不慎损坏，也可以随时获得新的，只需截取粗细长短相当的树木枝条，略微磨制光滑就好了。

中国人除了筷子很少使用其他的进食工具，当然汤勺只是为了弥补筷子唯一的短处——无法舀汤。筷子在中国人手中之万能，是其他进食工具无法比拟的。它可以极尽扎、穿、挑、夹、捞、扒、拌、搅、拉之能事，任何形态的食物，都难不住中国人手中的一双筷子。如此简单而作用丰富的工具当然为"以食为天"的中国人所热爱和传承，成为中华民族饮食文化中的代表器物。它可以说是中国人用极高超的聪明才智创造出的最简洁的工具，体现着化繁为简，以不变应万变的中国式智慧。

二、形形色色的筷子

筷子虽然发源于两根粗鄙的小木棍子，但是中国人自古就有对器物之美的天然渴求，即使是一双器型简单得不能再简单的筷子，在中国人手中也变换出了不同的材质、不同的形态和不同的工艺。

筷子从加工材料上看主要分为五大类：竹木筷子、金属筷子、骨牙筷子、石玉筷子和合成材料筷子。

在中国制作筷子最普遍的原料是竹子。首先是取材方便。中国是竹子的故乡，从南到北，盛产竹子的地方很多，竹子的纤维平整而细长，非常适合筷子细长形状的需求，又便于加工，即使是在使用石制工具的原始社会里，也可以很容易地打磨出端正平直的筷子。正是因为竹子适宜于做筷子，表述筷子的汉字多都带有竹子头："筴""箸""筯""筷"等。

木质的筷子也有着悠久的历史，在中国汉代漆器发展到顶峰阶段的时候，饮食器具中的盛食器、进食器多由相对轻便、美观的木体胎漆器制成。即使不是漆器，一般的木质筷子制作出来也会涂上一层漆，为了减少遇水受潮、发霉变质的弊端。木筷的品种最多，楠木、红木、檀木、乌木、枣木、花梨木、冬青木、黄杨木等都可以用来制成筷子。河南中岳庙的楠木筷、武汉黄鹤楼的贴画筷、福建的漆筷、广东的乌木筷、桂林的烙画筷都是中国著名的木筷种类。

金属筷子是中国筷子一组庞大的支脉。从出现金属的冶炼技术开始，铜筷、金银筷都备受追捧，尤其受到有钱有地位的人的青睐。因为金属筷造价昂贵，外形美观，在古代常常是展现贵族阶层品位和地位的象征物，他们不但要在生前享用，死后还要带进棺木中做陪葬品。在中国各

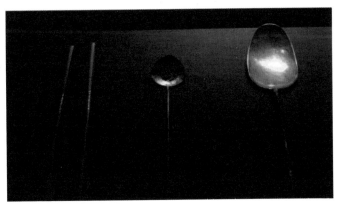

梁庄王夫妻合葬墓出土金箸、金勺

时期的墓葬中都出土过筷子，而且以金属材质的居多，原因是其不易腐化，易于保存和流传。

在《开元天宝遗事》中记载过一则关于金筷子的故事：唐玄宗李隆基在一次宴会上想将一双金筷子赏赐给尚书右丞相宋璟，一听说皇上要赐金筷子，这位宰相十分惶恐，愣在殿前不知所措。唐玄宗见状说："我不是赐给你金器，而是一双筷。你的德行就好比是这筷子一样，耿直不屈，刚正不阿，这双金筷子是我对你为人做官的赞赏。"宋璟知道金筷意在表彰后，才受宠若惊地接了过来。接受御赐的物品是件天大的好事，宋璟为什么会惶恐不安呢？因为唐代的黄金餐具器皿为皇宫所垄断，从北魏开始，国家就规定上自王公下至百姓，不许私自拥有或制造金器，违者是触犯法律，涉及重罪的。后来这位"守法持正"的老臣，也不敢以赏赐的金箸进餐，而是恭敬地把它们供在相府里。虽然贵重的金筷子为上层统治阶级的专利，但是从已出土的唐代金属箸来看，银箸的数量独占上风，是达官贵族及士大夫阶层最偏爱的。

牙骨筷子指由动物牙齿或骨骼制成的筷子，一般价格更为昂贵，是富贵的标志。牛、驼、鹿的兽骨以及象牙等材料制成的筷子与金银筷子一样是旧时王宫贵族奢侈品的代表。远在商代就有了用象牙制成的筷子。

中国人尚玉，用玉石制作的筷子被视为上品美器。古人常有诗句赞美"玉箸"或用"玉箸"来比拟它物。宋代

明代象牙筷子

黄庭坚在《元明留别》诗中说："桄榔笋白映玉箸，椰子酒清宜具觞。"凸显了玉石筷子的色泽和美感。南朝梁简文帝有《楚妃叹》诗："金簪鬓下垂，玉箸衣前滴。"用玉箸来形容美女的眼泪。五代时齐己在《谢西川昙域大师玉箸篆书》中说："玉箸真文久不兴， 李斯传到李阳冰。"用玉筷来形容书法的笔锋特点，别有情趣。

更有陶瓷烧制成的筷子，陶瓷本来就算是中国的一大国宝，加之筷子又为中国人所创制，陶瓷筷子可算是中国传统工

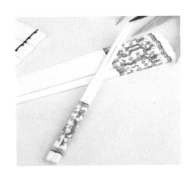

青花瓷筷

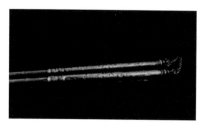

雕花图案天宝足纹银筷子一副

艺的一个亮点，不仅手感好、不烫嘴、不沾油，又不容易滋生细菌。而且很多陶瓷筷子上制有釉下彩图案，光亮明丽，在寸长之间展现着中国传统文化的艺术魅力。

由于中国传统器具的发展趋向是烦琐化、精美化、审美丰富化，精美考究的饮食器进一步提升了人们审美需求，拥有权利和财富的人更倾向于取得优质的饮食和与之相配的美好器具，因此筷子等餐具不再仅限于解决进食的需要了，对纹饰、形质的要求更趋于精巧复杂，于是配合各种材质，出现了不同的制筷工艺，有木刻竹雕、金银嵌花、金银雕花、骨牙镶接、螺钿工艺、景泰蓝工艺等等。而且筷子随着历史的发展也在进化自身的形状，从最初的圆柱形到细锥形，再到圆首方尾形，筷子的器形变化虽然看似微小，却能让使用者感到越来越舒适称手，易于取食。

所以，筷子不但方便了人们的生活，还给人们带来无尽的精神愉悦和审美享受。

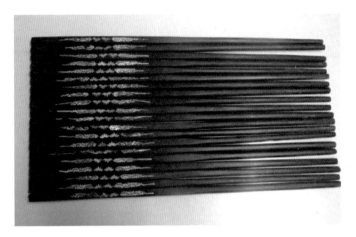

螺钿筷子

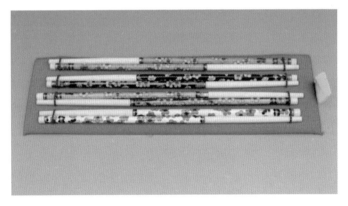

景泰蓝嵌象牙筷

三、人文礼俗的桥梁

1.筷与艺术

筷子不但是中华文化圈中人们离不开的进食工具，更因为其是日常生活的必备之物，随处可得，使其与许多艺术展现形式产生了息息相关的联系。

在人类使用筷子的漫长过程中，它摇身一变，成了为舞蹈、杂技等艺术形式所用的表演道具。例如作为舞蹈道具出现，最有代表性的就是蒙古族民间舞蹈——筷子舞。流行于鄂尔多斯市的鄂托克旗、乌审旗一带的这种舞蹈在表演时，舞者手持一束筷子，按节拍交替击打肩、腰、膝盖等处，节奏朴素，动作利落豪放，伴随着彪悍洒脱的韵律，形式变化多样。在蒙古族喜庆的节日里、婚礼上、祭"敖包"的活动中，能歌善舞的高原牧人都会跳起这种欢快的舞蹈。歌浓酒酣时人们会收集起宴席上的筷子热烈起舞，筷子在他们手中上下翻飞，并伴随着不断敲击身体的节奏发出"啪啪"的响声。筷子舞明朗、灵巧、跃动，将鄂尔多斯高原上的蒙古民族彪悍、洒脱、率真的性格表达得淋漓尽致。铿锵作响的筷子敲击声，被蒙古族人民认为是充满了生机的激情节奏。

其实蒙古族使用筷子跳舞的传统并不久远，只有两三百年。早先蒙古族人民很忌讳敲打食具，认为不吉利，会将好的运气带走，但筷子舞的出现，一改这种习俗禁忌，究其起因，却是源于旧时底层人民对压迫的反抗。传说以前蒙古民族普通百姓受封建统治者的迫害，无法生活，很多人被逼无奈离开妻小给王爷当奴隶，日子过得牛马不如，没有自由。人民不甘心这样被奴役，每到过节时，大家趁着可以在一起聚会的机会商量如何反抗压迫，如果有管家过来监视，大家就拿起正在吃饭的餐具——筷子、碗盘，跳起舞来，不跳舞的人就唱歌伴奏，以此瞒过监视人的眼睛。这种聚会形式被传习了下来，不但产生了筷子舞，还有碟子舞、顶碗舞等等。如今，筷子舞作为一种独特的舞蹈形式被保留了下来，而且随着时间推移愈加成熟，从最初的男子独舞发展到男女均可表演，从只有独舞形式发展到欢快的群体起舞，成为蒙古族人民重大集会、节日必备的表演项目。而且作为鄂尔多斯地区具有代表性的传统民间舞蹈形式之一，2008年筷子舞被列入第一批自治区级非物质文化遗产名录。

筷子除了作为舞蹈道具还被作为杂技道具使用，历史可以追溯到唐代。最早的记载出自唐朝人张鷟所撰写的笔记小说《朝野金载》，其中就描述了筷子作为杂技道具的使用情况。唐代是中国百戏发展的鼎盛时期，当时的百戏涵盖的内容丰富多彩，当然也包括用筷子做道具的杂技表演。今天我们也能见到用筷子作为表演道具的杂技和魔术。

筷子与音乐更是自古就结下了不解之缘，人们发现用筷子敲击琴、甑之类会发出美妙的音响。传说南北朝齐梁时期的诗人、音乐家柳恽很善于弹琴和变体改写各种古曲，常常以琴相伴，当他在创作诗词歌赋时，习惯一边沉吟一边用笔敲打着琴弦思考，来激发灵感。有客人前来拜访他时，他便在用餐之余拿筷子随意敲击琴弦给客人欣赏。柳恽发现筷子击琴发出的音律哀婉动听，便把它谱写为了雅曲。传说后来以筷击琴就是从他这里开始流传的。

万宝常是隋代著名的音乐家，精通音律，各种乐器都能熟练地演奏。有一次，万宝常和别人在餐席间讨论起音律问题，因为手头没有乐器，他便顺手拿起筷子开始敲击面前的餐具和其他杂物。他调整了音调高低后，这些餐具五音齐备，敲击起来和专业乐器一样和谐动听，时人大为赞赏。我们今天也能见到一些艺术家利用水在碗中的盈亏，调音协律，用筷子敲击出美妙的乐曲。现在扬州地区还有一种用筷子和小盘子敲击配乐的民间小调流传，清脆的敲击声和谐悦耳，配着扬州方言的说唱颇有韵味。

筷子还被喜爱书法的人变成了抒情言志的艺术之笔，成为一种新兴的硬笔书法工具。用筷子书写的字龙飞凤舞、刚劲有力，细小的筷端一样能绽放书法艺术的魅力。用筷子写字千百年来一直有人尝试，有时候是应急，有时候是随性而起，但作为书法艺术，专门用筷写字，还是有许多艺术家专攻其道的，而且越来越成为一种特殊的书法艺术门类。

筷子书法，既可有行书的简便快速，奔腾放纵，活泼飞舞，又可有楷书的形体方正，稳重端庄，笔锋有力。它呈现出的书法作品，既有笔锋似刀的硬瘦风骨，运笔有气势，字体有神韵；又有像少林武术那样静如止水、动如蛟龙的风格。筷子书写似钢锥，在纸上的每一笔都力透纸背，可把人们对生活的热爱，对艺术的追求，表现得淋漓尽致。下面展现几幅筷子书法作品。

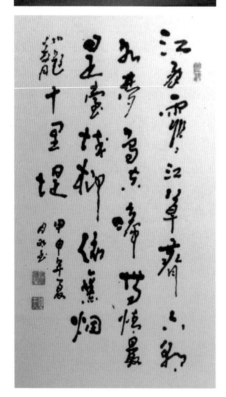

2．筷与风俗

中国自古为礼仪之邦，讲究民以食为天的国度里，用餐礼仪自然成为饮食文化的一个重要的组成部分。中国人用餐的规矩其实很多，它看似没有西餐礼仪那般冗杂而烦琐，但是要真正合乎中餐的礼仪规范需要注意的细节极其细致而繁多。从餐前入席到撤席而散，餐桌上下的一举手一投足间，一个人有没有教养，懂不懂礼法规矩，往往一看便知。筷子作为最重要的餐具，在用餐时更是有很多礼仪规矩和禁忌。

首先，筷子有规范的拿握方法。在使用筷子时，用大拇指和食指捏住筷子的四分之三处，用中指和无名指分别托住两只筷子，手指自然弯曲，拇指轻压两只筷子，通过运动食指、中指与拇指的关节，以手指第一关节为主来控制筷子。托在无名指上的这只筷子不动，只活动食指中指控制的这根筷子来掌握筷子夹角开合的大小。并且筷子的两端一定要对齐，否则不但拿得别扭而且不易夹取食物，还会被认为不吉利。错误的拿筷方法会加大用筷的难度，让用筷者难以得心应手，也让他人看着别扭。

其次，在用餐过程中，从拿起筷子开始到吃完整餐饭都有一定的用筷礼节。开席动筷须由主人或地位、年龄最长者从一句"请用筷"或"请用餐"的筵语开始，桌上其他人才可举筷用餐。席间，如果需要使用调羹、汤勺等其他的餐具时，必须放下手中的筷子，再去拿起其他餐具，不可一手拿着筷子一手拿着勺子，"双管齐下"，左右开弓，这样常被人视为贪婪不自持。朱熹在《朱子童蒙须知》中教导小孩子"凡饮食，举匙必置箸，举箸必置匙。食已，则置匙箸于案。"古人对儿童的用餐要求亦是如此，这种持箸规范自古有之。夹菜时，筷子不能用"抬轿式"——从下往上抄着夹菜，必须用"骑马式"——从上往下，准确下箸。席中暂时停餐，可以把筷子直搁在碟子上，如有筷枕，则置于筷枕上，不可插在碗里，也不要直接放在桌子上，插在碗中显得莽撞、礼数不全，而放在桌子上他人会认为你吃饱了，不再进食了。如果将筷子横搁在碟子上，也是酒醉饭饱不再进膳的表示，这是一种被称作"横筷之礼"的民间用筷礼节。横筷礼一般用于平辈或比较熟悉的朋友之间，如果是不太熟悉的人或不同身份、不同辈分的人之间要慎用，晚辈不可在长辈横筷之前横筷，否则不敬。明代江南四大才子徐祯卿有一部笔记小说《剪胜野闻》，其中讲到明代才子唐肃有幸被朱元璋叫来陪侍进膳，结果吃完了，因为行了先横筷之礼而犯了大不敬的罪，结果被发配边疆。在古代宫廷筷礼和民间筷礼可能存在一些区别，不分场合以民间筷礼拜向天子，很有可能将马屁拍歪，落得不可预料的后果。现在用餐时，先吃好了，一般是会将筷子和汤匙放在桌子上，也不立即收拾碗筷，而是等全桌人都吃完再一起收拾。这可能是古代横筷礼仪的延续，有"人不陪君筷陪君"的说法，也是中国人性格中追求团圆和谐的体现。

中国人讲究多代同堂，认为这是一种幸福美满的象征，所以饮食就餐时喜爱几代人聚在一起。中华民族自古又是一个尊敬长者，爱戴老人的民族，从餐桌上的礼节规矩就能看出这点。再寻常的一席餐饭，也要等在座的长辈举筷后，晚辈们方能开始动筷。吃饭夹菜时，桌上的菜肴，都是由长辈动第一筷后，晚辈们才可下筷夹取；长辈在座时，夹菜一般是先吃素的，不能先夹荤菜，吃饭的过程里，夹菜一般就近夹取自己面前或附近的菜。有些少数民族，如壮族、朝鲜族，在吃饭前晚辈要以双手向老人递上筷子、盛好的饭，再以双手送上桌上的每种菜肴让老人用筷子一一夹取，各品尝一口，众人才可动筷。

最后，中餐的酒杯碗筷的放置亦有章法，不能乱放。筷子与杯子要放在用餐者的右手边一侧，有避讳"快(筷)分开"的说法，只有在吃绝交饭时，餐具才会被分放在左右；放置在桌上的筷子要两支拎齐，不能伸出桌子的边沿，有"杯不出栏，筷不出缘"的说法。

老一辈的人常说用筷子有三个要点："一要直，二要齐，三要和。"直、齐、和三个字道出了筷子从外形要求到使用方法的特点，同时又暗合了中国人从小所受的为人处世的教导。中国人一代代传给后辈的用筷技巧，是吃饭生存之法，更是做人生活之道。

在中国的传统习俗中，常见的日用品往往都体现着许多有趣的风俗习惯，筷子自然也不例外。在传统的中式审美中，筷子显示着睿智流畅的东方气质，在民间被视为吉祥之物。因为成双成对的特质，更使其成为祝福新婚之人的最佳代表。筷子有"和和气气""和睦相处""快快乐乐"等美好寓意，传统的中式筷子下圆上方，代表天圆地方、天长地久，更是中国传统爱情天长地久、矢志不渝的象征。

传统上，汉族女子出嫁时嫁妆中有父母给准备的龙凤筷。龙凤双筷在人们心目中，不仅是一种婚嫁用品，更蕴含着珠联璧合、成双成对、快生贵子、快乐幸福等美好祝福，所以无论贫富，新娘的陪嫁品中一定少不了两双筷子。作为陪嫁品的筷子会被装进精心制作的锦囊之中，被新娘带进婆家。中国人喜欢制作锦囊类的装饰品，这些出自新娘自己或娘家姐嫂之手的精美囊袋，装着筷子，也装满了对美好新生活的祝福。

筷子作为吉祥陪嫁物的风俗，流行于宋代，古时男女双方家长议定孩子的婚事后，女方父母一般都会送给男方一对装满水的坛子，内放活金鱼四尾，并附上筷子，这种筷子古称为"回鱼箸"。根据各地习惯不同回

婚筷与锦囊

鱼箸的数量不尽相同，有一双的、两双的，也有九双十双的。这些东西代表的含义是：希望新人钱财富余，夫妻相伴到老，甘苦与共；另一方面，取民间吉利语"筷子筷子，快快生子"之意，为新人求子祈福。

在中国传统婚礼最后有闹洞房的环节，按旧礼亲友们会拿出事前准备好的筷子，戳穿窗户纸，扔向喜床，并伴着歌谣。

筷子等陪嫁品

一戳窗纸开，新娘躲起来，
八仙送贵子，麒麟来投胎。
二戳红罗帐，帐内尽春光，
情意如胶漆，过年生儿郎。
三戳红绫被，鸳鸯共枕睡，
并蒂鲜花香，恩爱过百岁。

　　直到今天，筷子在民间婚俗中还有很多用法和讲究，而且会因地域不同有所差异。

　　一双筷子，不但为中国人"运送"食物，更带来解读人生哲理的提示。把男女两个人的爱情与婚姻比作一双筷子，大有奥妙：每根筷子都是独立的个体时，并没有什么特殊的意义。无论它们是用什么材料做成的，即使再有观赏价值、收藏价值，都起不到筷子的作用。只有当两根筷子相互配合，一起使劲时，才能把盘中餐顺利地夹起来。原本独立的两根筷子，凑在一起了，目标变一致了，从此不再分离。这也许正是筷子作为结

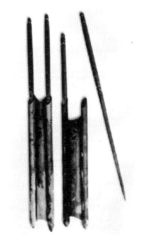

清代牧民夫妻铜筷

婚时的吉祥物件的重要意义所在。

　　中国南方北方都有过年添置新碗新筷的习俗，称作"添丁进口"。筷子是入口的餐具，筷子越多，人口就越多，表达着人们希望生活越过越兴旺的美好企盼。

　　旧时，如果媳妇结婚三年还没有怀孕，家中就会张罗祈子活动。全国各地的祈子习俗各有不同，但筷子与祈子的风俗一直联系紧密。湖南人认为除夕和正月十五元宵节是最灵验的祈子吉日，婆婆、媳妇会在这天往提前准备好的摇篮里放上几把筷子，祈求摇篮中很"快"就会有孩子。以前还有一些与筷子有关的"送子"习俗，例如麒麟送子。春节时，有些扬州、苏北的农民会

来到上海举着纸麒麟挨家挨户"送子"讨钱，嘴里还念念有词：

> 小小牙筷七寸长，一头圆来一头方。
> 少奶奶手里捧筷子，年底生个麒麟郎。

那些想要孩子却没有怀孕的妇女便会付钱拔下纸麒麟头上的几根纸须，缠在筷子上藏在枕头下面，她们相信这样就能很快怀有身孕了。

筷子也被视为催生顺产的吉祥物。据故宫所藏清代档案记载，清末慈禧在怀孕时就曾经刨喜坑埋筷子，祈求能顺利产下一名男孩，毕竟在后宫生下男孩的嫔妃才有富贵长久的希望。古时，医疗条件有限，孕妇生产是比较危险的事，人们为祈求母子平安挖喜坑，埋筷子、红绸等吉祥物品。慈禧顺利产下载淳，也就是后来的同治皇帝，后又将脐带、胎盘和另一些筷子一起埋在产前所挖的喜坑中还愿祈福。以筷子祈求顺产的后宫生育风俗很快就传遍了民间，还并生出一些其他的习俗，例如给孕妇送红米、生姜、红筷子等等。

理解生死的观念是一种文化中非常重要的组成部分，老病之人的亡终与新生儿的出生在风俗中一样倍受重视，它代表着新旧生命的交替，大自然繁衍生息的规律，寄托着生者对逝者的怀念。筷子，简单的一个日常物件更显现了中国人在这方面独有的文化习惯。办丧事进餐时，必须使用白色的筷子，肃静、庄重，表达哀伤，如果用了花色艳丽的筷子甚至红色筷子就是对死者的极不尊敬。但是，中国又是一个极重视家族传承的民族，如果过世者生前是五代同堂，那丧席上一定要用红色的筷子招待吊唁者，代表着逝者的福气可以通过红色筷子传递给使用它的人，人们将吃这种丧席称作"吃福"。

中国人很忌讳用一支筷子扒拉着吃饭，这点跟丧葬习俗与亡灵祭祀有关系。在中国很多地区的丧葬习俗中，出殡时要在棺材上放置五碗或七碗饭，每碗饭中间会插上一根筷子，表示请出殡途中遇到的鬼神吃饭，因为有种民间说法是：鬼用一根筷子吃饭。也有人认为单支筷子形似香烛，带有拜祭意味。有些地区不允许将筷子的一端搭在盛着饭的碗边儿上，让筷头高高翘起，因为民间讲究在召唤亡人魂魄吃饭的时候才会把筷子的一端搭在盛满食物的碗沿上。更不许随便把筷子折为两截，因为有的地方老人过世称为"倒头"，为亡者供在灵桌上的"倒头饭"就是将米盛入碗中，上插七根半截的筷子，筷子顶端再插上核桃大小发酵的面，忌讳折筷子，是怕家里有人死亡的心理反应。

在台湾，筷子是分家的重要工具，被称为"分随人"，来源就是当地的习俗。一个家庭父母过世后，后人分割财产的过程是将财产编好目录，每份财产都要编上符号，将这些符号写在纸上，揉成团放在米升之中，再将此米升供于祖先牌位前，烧香敬拜后，由各方代表用筷子探入米升夹取纸团，按照夹到的符号分得相应的财产。在台湾本地，无论贫富，分家时一般都按照这个习俗用筷子抓阄。

由于筷子在民间习俗中常常是吉祥美好的代表，因此中原地区的老百姓相信可以用太极八卦图配合筷子驱邪禳灾。人们盖大房子时，要在脊檩正中间绘一幅太极八卦图，在图上拴一根红线，红线串有数枚铜钱并在线末端系着一双筷子。据说这样做了，鬼魅便不敢登门烦扰。非但如此，在特殊的民俗中，比如梨园行的新戏楼落成后，为辟邪讨喜头，还要特意把鸡头、五雷碗、五色线和一双筷子拴在一起，钉在戏楼的屋梁上。

3.筷与政治

筷子是再平常不过的日用小器物，但谁能想到它却能与国家政治有所关联？中国古代真有一双筷子起到关系政权安危、国家存亡的事情。

商代末期，纣王所使用的象牙箸是当时最高超的制作工艺和最昂贵的材质原料结晶的产物，理所当然成为身份和财富的最高象征，商纣王奢靡的生活被完全浓缩在一双小小的筷子上，而令忠臣箕子深感不安，他似乎从纣王使用如此昂贵的奢侈品——象牙筷上，窥到了国之将倾的危险，恐慌不已。而商纣王奢侈的生活正是导致商代灭亡直接的导火索，贾谊在《新书·连语》中说："纣损天下，自箸而始。"司马迁在《史记》中多次评论"纣为象箸"的事，将"象箸"与历史大事件相联系，直指象箸导致了国祸人亡。东汉时，王充更在其著作《论衡》中斥责商纣王使用象牙箸，追求奢靡生活导致国家遭受祸乱：从象箸到玉杯，再到龙肝豹胎，能看到人在拥有极高的地位、权势和财富后欲望膨胀的过程，推演出"难得之物使天下愁，天下愁则祸端起"的结论。象牙筷子不但是身份的象征，更是关系到国家命运图存的敏感之物。后世"象牙箸"逐渐成为上层社会和贵族生活奢侈过度的代表意象，常有政治家、思想家借此讽喻、宣泄对君王、贵族阶层生活奢靡腐朽的不满。

古人善用占卜之术判断未发生之事的走向，或未来的吉凶。在占卜系统中有"请筷子神"的做法，对历史造成了很大影响的一件事正是李隆基以筷做占，起兵发动了诛杀韦后的宫廷政变。据《隋唐嘉话》记载，唐中宗景龙四年，韦后杀了中宗李显，更立温王李重茂并临朝听政。时为临淄王的李隆基，与旧臣合谋发动政变要诛杀韦后。起兵之前，感到前途未卜，下不了决心。有军人韩凝礼自称"知兆"，李隆基便让他做占卜。韩凝礼用筷子布卦，一根筷子径自直立起来，而且三次将其压倒，这筷子又三次直立起来，韩凝礼认为这是出兵大吉的征兆。李隆基便立刻下定决心，领兵回朝诛杀韦后。这次激烈的宫廷政变中，李隆基立下了汗马功劳，李旦觉得儿子英勇有才略，登基四年之后便让位给年轻的李隆基。一根筷子的"无故自起"促成了一场宫廷政变，甚至决定了中国后世的历史走向，这么看的话，如今的我们也算是沿着筷子决定的历史在前进着。

也有君王以筷子作为借口铲除政治异己的故事。《史记》中就讲了汉景帝是如何借题发挥，用筷子做文章收拾了国家重臣周亚夫的前后过程。周亚夫本是西汉开国功臣周勃的儿子，汉文帝时世袭了父亲的爵位做了绛侯，汉景帝年间在七国之乱中平定了叛军。但汉景帝与绛侯周亚夫在汉文帝时期就矛盾重重，景帝即位后，前元三年周亚夫不奉召救梁，还反对景帝废除太子，在景帝想立王皇后的兄弟王信为侯的事情上又与景帝意见相左，这些事情一件件惹怒了汉景帝。一次景帝大摆筵席召见周亚夫，但是席上赐给周亚夫的除了一大块肉什么都没有，别说将肉切成小块的刀具，桌上连一双筷子也没给周亚夫留。周亚夫心中愤愤不平，回头让掌管筵席者去取筷子。景帝笑着对他说："这莫非还不能让你满意吗？"当着众人面给周亚夫难看，周亚夫自觉羞愤不已，便摘下自己的冠冕向景帝告罪请退，景帝见状起身刚要说什么，周亚夫就马上站了起来，不等景帝说话，径直自己走了。景帝叹息着说："这样牢骚满腹的人，怎么能留着辅佐少主呢？"汉景帝宴请周亚夫却连一双筷子都不给他，明摆着刁难他。周亚夫一介武将，性本刚烈，如此扬长而去，更为景帝收拾他埋下伏笔。果然，此后不久，景帝就找了个理由以谋反的罪名将其投入监狱，周亚夫从此再也没能出来。

　　三国时期，曹操与刘备上演过著名的煮酒论英雄的故事，这中间有个很值得细细品味的小片段，就是"惊雷失箸"。一日，曹操邀请刘备在亭中开怀畅饮，谈论天下形势，酒至半酣，忽然阴云密布，大雨将至。曹操与刘备凭栏观望，此时故事的高潮发生了，曹操用手先指刘备，再指自己，说："要论天下英雄有几人？我看只有使君您和曹操我两人而已。"这石破天惊的一句话让刘备大惊失色，手中筷子"啪嗒"一声落在地上。刘备为什么会暗自慌张？因为曹操是看透了刘备胸怀大志，而能如此睿智地对待刘备，天下也许再无二人。失手掉落的筷子将刘备此刻的复杂心态展露无遗，而曹操这么精明的人物，怎么会看不出来？曹操指天为题，用风云的变化、升隐来暗指英雄的行为，刘备就是担心曹操把他当作对手，怕曹操把他当作英雄。如果那样，别说刘备要实现自己的政治抱负，连人头都会不保。于是在之前曹操追问他认为天下英雄都有谁时，他假装糊涂，处处设防，甚至用袁绍、袁术、刘表等人来搪塞。其实刘备明白，这些碌碌无用之人，怎么能入得了他与曹操的法眼？曹操摆明了就是要借此宴饮畅谈之由观察刘备是否有野心，好决定是否要将他铲除，以免后患。这一落筷子一切便显露无遗。然而天不灭刘备，就在筷子掉落之时忽然远方传来一声惊雷，刘备借机掩饰说："因为突然打雷，我吓了一跳，惊掉了手中的筷子。"便俯身神色自然地将筷子捡起，好个机智的刘备！老天眷顾刘备啊，此时若无惊雷，曹操就立刻看穿了刘备的内心世界。两人虽同为英雄，但在当时，政治力量上还是有巨大悬殊的，曹操很轻易就会将此时的刘备置于死地，就不会有后来的诸葛亮出场，不会有三国鼎立的历史和所有那些轰轰烈烈的故事。

当然政治历史上也有跟筷子相关的荒唐事。五代时期后唐明宗李嗣源是个很优柔寡断的人，在挑选宰相这等大事上拿不定主意，最后居然心血来潮地想了个十分荒谬的办法：用筷子抽签。他命人将几个大臣的名字写在小纸条上，叠好投入一个瓷瓶，对着瓷瓶烧香叩拜祈求神明给他提示，然后抱起瓷瓶摇上三摇，再用筷子伸进瓶中夹起一张纸条，纸条上写着谁的名字谁就是他的

丞相了。结果卢纪文成为幸运儿，就这么以这种让人哭
笑不得的方式被推上了相位。

四、通过筷子看世界

　　餐具是人们日常生活中必不可少的用具。地域的差距，文化背景的不同，产生了不同的餐具。比如以汉文化为代表的东方世界使用的筷子和以欧美文化为代表的西方世界使用的刀叉。表面上看是代表东西方的饮食器具的不同，深入一层，则代表东西方文化的重大差异。

　　筷子与刀叉出现在迥然不同的文化环境中，说明地域所提供给人类的自然资源对饮食文化的影响巨大，可以归结到环境决定论。自然环境产生具体的资源，对具体自然资源的利用就产生出相应的生产劳动和生活行为方式，这些又决定了人们的生活经验与习惯，并造就出与之相应的思维方式和精神生活模式。而思维方式及精神生活模式，又反过来影响人们对于环境的认识，影响人们对于生产劳动及生活方式的统领与支配。不同地域中，人类选择以什么样的工具来吃饭，其实并不是偶然事件，东方的筷子与西方的刀叉在各方面都具有强烈的地域差别表征，这恰恰体现了文化发展的丰富性。

1.筷子和刀叉展现的不同饮食习惯

用筷子吃饭的人，主要分布在亚洲东部；用刀叉吃饭的人，主要分布在欧洲和北美洲；当然还有以手抓食的人，他们多生活在非洲、中东、印度尼西亚和印度次大陆等地区。使用筷子和刀叉的人，其分布正好大致分散于世界的东部和西部，代表着截然不同的饮食习惯。

中国的饮食文化历史悠久，从人类会使用火将食物烹熟到现在，中国人的饮食文化经历了漫长而蓬勃的发展。注重饮食的华夏民族以农耕为主，天文历法、科学技术、医疗法律，甚至百姓生活、国家统治都是围绕着农业展开的，是一种保守型温文尔雅的"黄土文明"。中国人以素食为主，辅以肉类，饮用茶和酒。进食时大多采用合餐制，多人围坐各自持筷，共享一席餐饭，讲求热闹、团聚、和睦。

西方的饮食历史比较多变，各城邦制国家政治上的长期分裂，经济文化中心的不断迁移使饮食历史发展不平衡，征战聚合使得欧洲小国小民族居多，欧洲地区形成了外向型的弱肉强食的"海洋文明"。刀叉的使用和欧洲古代游牧民族的生活习惯也有关系，人们随身带刀，将肉烧熟后可直接切割取食。定居生活形成后，欧洲以畜牧业为主，肉类是主食，使用刀叉切割送入口中，面包之类成为副食，饮品主要是烈酒。而且游牧民族的生活习惯使其进餐方式自然采取分餐制。

由于生活方式的区别，西方的先民没有发明使用陶器烧水烹食，他们的食物始终是以烤制为主要方式，惯于游走的畜牧生活造就了其喝凉饮的生活习俗，也使得他们习惯在烤熟的食物冷却后，再用手去拿取并送进嘴里吃。后来，在一些较庄重的场所，才不再用手直接抓拿食物，而是用上了刀叉，这是西方饮食文化里的特点。

中国人用筷子吃饭的方式，来自较为稳定的农业生活，喜食蒸煮的热食，在饮食发展过程中也加进了礼制文化的因素，所以有了饮食成礼的特点，注重长幼有序、合欢团聚，甚至一些岁时节令也多以吃喝、祈福为主，有别于西方以玩乐为主并有浓厚宗教色彩的节日习俗。

东西方饮食文化中最显著的区别就是以进食器具为标志的合餐制与分餐制。到今天为止，中国人都习惯多人围坐一桌，一道菜品盛放在一个容器中，共同分享，甚至在开始用餐时讲究同时举筷的节奏，既隆重热烈又显得亲和礼让。西方人则习惯采取分餐的办法进食，自己享用自己的盘中美味，自由、快捷、随性。其实合餐制在中国是由分餐制逐渐演变而来的，这看似有代表性的用餐办法并非中国人自古有之，魏晋以前中国人进食其实是典型的分餐制，当时为一人一案，分餐而食。后来随着北方少数民族文化进入中原地区，高桌大椅出现在了百姓的日常生活中，这种更加舒适的坐卧方法渐渐取代了铺在地上的席案，人们围坐一桌进餐就顺理成章了。合餐制的真正普及是在宋代，当时的食材种类已经非常丰富，使烹饪的变化发展层出不穷，一人一份的进食方式已经不能适应人们对更多菜品美食的追求，围桌共享丰富的各种菜肴成为不可阻挡的趋势。

西餐的种类与中餐的最大区别是，西餐只有主食和小吃，没有类似中国的炒菜。中餐炒菜一定要搭配主食才能算完整的一餐饭，而西餐的牛排或面食类，本身就算是主食。当今西方分餐制也是同桌而食，只是食物分盛于每人各自的餐具中，这跟东西方饮食内容有很大的关系。吃的东西是什么、用什么工具来吃同样决定着用餐的方法，西方以大块肉类为主食，需要用刀叉切割，一口口进食，合餐食用极不方便；东方以谷物为主食，辅以各式菜肴，用筷子夹取，合餐使配合主食食用的菜肴品种有了更加丰富的可能性。

不同饮食文化习惯，决定了餐具的使用种类和方法，反过来餐具是不同地域下更深层的文化构成成因的具象体现。

2.筷子和刀叉表现不同的民族性格

有人说，"中国人用筷子，类似鸟喙之挟夹食物，筷子如鸟喙的变异，西方人用刀叉，类似兽类的齿、爪，刀、叉是撕与咬的显示符号。"大部分鸟类吃的是树的果实种子，具素食倾向；大多有尖利齿爪的兽类吃的是肉血骨皮，具有荤食倾向。以这两类动物的身体特征比喻东西方食具的特点十分形象，而食草动物和食肉动物恰恰在某种程度上代表了东方民族和西方民族性格中的某些差异。

通过体质人类学的研究统计数据分析发现：以食肉为主的西方人，平均身高1.8米左右，肠道长度大约是5.4米，约为身高的3倍；而以食素为主的亚洲人，平均身高1.7米左右，肠道长度大约为8.5米，约为身高的5倍，两者之间差距很大。自然界中几乎所有食草类动物的肠道长度与身长的比例都大于食肉类动物，例如：身长为0.4米的家兔，其肠道长8米，肠道是身长的20倍，山羊的则为22倍。但身长为1.3米的老虎，肠子只有5.4米，是身长的4倍，狼的仅为3.5倍。这都是生存条件和食物类型不同而产生的肠道长短差异，肉是浓缩性食物，因为富含的营养充足不需要很长的肠道去慢慢消化吸收，而较短的肠道又可以把因肉类腐烂而产生的毒素尽快排出体外；素食中的植物蛋白与动物和人体中的蛋白质有很大的差别，纤维很多，吸收较难，所以负责摄取食物营养的肠道必须很长才能吸收到足够的营养。人类与动物一样，东西方人由于所处的自然环境、生存条件的不同，其饮食习惯上也有了以谷蔬或肉类为主的区别，肠道的长度随着进化繁衍自然而然产生了差异。

饮食的习惯和肠道的长短同时也决定着人或动物的秉性差异：肠子细长的草食类动物，大多性情温和；肠子短粗的肉食类动物，大多性情凶暴。因为食肉动物追食对象是会跑会跳的动物，在捕猎过程中它们必须保持精神专注、身体亢奋，调动所有的精力与体力，还要有承担风险的勇气，并辅以残忍的手段达到目的；而对食草动物来说，植物是不会逃跑的，这使它们有空仔细观察周围环境，分析安全与否，因此养成了不慌不忙、三思而后行的秉性。

体质人类学的研究结果证明：食性的不同而产生性格上的差异，人类也是一样的。肠道长的民族，一般性格温和柔顺、文静而理智，性格保守、中庸；肠道短的民族性格粗犷、外露张扬，进取心强、克制力差、容易走极端等。因为肠道在消化吸收动物蛋白质的过程中会分泌出一种叫"去甲肾上腺素"的激素，以食肉为主的机体就会较多地分泌这种激素。这种激素能促使血压升高，心跳加剧，使大脑皮层缺少控制情感的能力，变得容易激动。长期下来这就造成了以肉食为主的西方人易兴奋，有激情，好冒险，敢创新，外向主动的秉性；而素食中含有大量的纤维素和木质素，表面看来没有什么营养，但在肠道里却能吸附体内分解代谢所产生的有害激素，使它们尽快排出体外，并且植物中的叶绿素、黄酮类物质的化学结构同血红素相似，能降低血压、安神，使人精神舒畅。因此塑造出长期以素食为主的东方人温和、文静、理智的秉性。

可以说，以素食为主的饮食结构影响了东方民族崇尚中庸平和的性格，以肉食为主的饮食结构影响了西方民族强调进取凌厉的性格。反过来，餐具本身的使用也明显地透露出了这些特征，筷子细细两根，夹取的食物刚好适合入口细啖之量，人们慢饮缓食，体现出东方民族的细腻、柔和；刀叉锃亮，挥动于肉块之间，甚至有时伴有些许血光，食物似暴力猎取的对象，呈现着西方民族的奔放与抗争自然的力量。

当然，简单地从饮食文化的角度并不能全面地说明复杂的民族性格差异问题，但饮食结构与生产方式、社会视野等直接相关，进食方式是一个小小的体现，同时却能暴露内在本质的某些侧面。

3. 筷子和刀叉体现不同的文化精神

从餐具中也可以窥探到不同地域的文化精神内涵。蔡元培先生曾评价筷子和刀叉说："中国远古时代也曾使用过刀叉进食，不过我们民族是一个酷爱和平的礼仪之邦，总觉得刀叉是战争武器，进食时用它未免不太雅观，所以早在商周时代就改用箸，世代相传至今，中国人皆以用筷子为荣。"中国人自古便有了"食不厌精，脍不厌细"的饮食传统，各类食材需在厨中刀刀地分解切细，制成菜肴，才由人们用筷子优雅地送入口中，而筷子成对成双，两支小棍通力协作，呈现着"和为贵"的意蕴。

罗兰·巴特尔在《符号帝国》中讲到东方人使用筷子所传达的是："食物不再成为人们暴力之下的猎物，而是成为和谐地被传送的物质。"和谐是中国人最重要的精神文化内核，强调整体性的和谐，这才是东方文化，它创造了"天人合一"的人与自然的辩证统一的系统思想。罗素的《中国问题》对中国人有着更为深刻的评述："如果世界上有'骄傲到不肯打仗'的民族，那么这个民族就是中国。中国人天生的态度就是宽容和友好，以礼待人并希望得到回报。如果他们愿意的话，他们将是世界上最强大的国家。但他们希望的只是自由而不是支配。"中华文化的精神内涵是真正的大同主义，中国人特别强调自然界的统一性，奉行人与宇宙一体的观念，并以此作为检验天下万物的工具。中国人很重视从相互关联的角度对整体世界加以理解，把关系作为研究世界的基本对象，不太从具体资料和能量层次的分析中去解读具体事物。筷子的形态设计就很好地体现了这一思想，它永远成双使用，两支竹棍相辅相成，缺一不可，同时凸显了人与物的结合，手在筷子的使用中作为支点实现杠杆原理，呈现出结构与功能以及自然物质与人之间的微妙关系。筷子的形态，千百年来没有发生太大变化的原因，正应了中华文化中强调稳定性和协调性的特点。种种特点都表现了一种"和谐"为重的思维方式，这更是以中国为代表的东方文化中的终极价值观，具有很强的包容性。

刀叉体现着西方民族与自然环境抗争的痕迹。西方人在餐桌上使用的刀叉，是其游牧生活习惯延伸至今的表现。用刀叉切割食用大块的已熟、半熟的肉食，确实有一种原生态的狂暴和乖戾，但这正是西方人血液中的文化特性。它有别于东方人先将食物切碎再烹熟加工端上餐桌而养成的内敛和含蓄，大块的食材煎烤烹调方式，较好地保持了食物的原始形态，亦流露出奔放豪迈的游牧民族外化型性格。西方人善于从理性的高度创造文化基因，强调以人的个体为中心，自由、民主，人权思想始终是西方文化的核心。西方采用的哲学思维方式，是着眼于基本元素，用分析的方法把事物层层剥离，最后纳入某种构造性的理论模型。因此在刀叉的设计中也映射出这种哲学思维。首先用刀分割事物，然后用叉取食，不同的食材都会得到相同的处理，饮食的操作步骤都充满逻辑性分析，整个进餐过程就是一步步分解的过程，而刀叉则是其实施实践的工具。在西方文明的背景中，自然规律是造物主制定的法规，一切自然过程都必须遵从于法规。西方的刀叉设计是经过逐渐改良的成果，其功能、美感、材质都在不断改进。西方先民以既可猎取又可防卫的石刀为进餐工具，进而发展出金属质地的刀具，又将切割肉块时起固定作用的叉子逐渐变小，增加其取食入口的作用，并最终发展出烦琐的西餐礼仪，进餐时要使用很多套餐具配合不同的进食菜式的顺序，虽然感觉有些烦琐，但这恰恰与他们严谨的、逻辑分析性的哲学观相吻合。西方哲学观强调逻辑推理，承认在个体之外有一种永恒、统一、抽象的自然秩序，人类需运用观察、实验、假说和演绎的方法，才能解释至高无上的理性的自然法规。刀叉也是西方世界工业文明、理性精神的一种最直接反映：自己动手，独立性强，重推理，重解析。

不同的取食进餐法则绵延成不同样式的文化与理念。左刀右叉在长条餐桌上一字排开，用餐时严谨、秩序感强；两支筷子在圆桌围坐的氛围里随心所欲地徜徉，多了些许灵性和韵味。正是筷子和刀叉这截然不同的两种餐具，体现着截然不同的两种东西方文化，以及不同民族特有的价值观念、审美情趣和文化内涵。

4.筷子与文化融通

中国是筷子的发源地，世界各地使用筷子的民族，包括朝鲜、韩国、越南等，其用箸习俗皆由中国传入。用箸进餐的母国是中国，我们千百年来一日三餐筷不离手，习以为常，但仅仅把筷子当成吃饭的工具，并未觉得它是一项多了不起的发明。事实上，筷子的发明使用，和中华民族智慧的开发是有一定联系的，作为东方文明的代表符号，它是华夏民族智慧的结晶。

隋唐时期，由于经济繁荣，文化交流频繁，是中国文化对外传播的高峰时期。很多富有中国文化特点的元素随着当时发达的交通传播到了世界各地。

隋唐时期，我国建立起一个统一多民族的政权，在这种背景下中国与周边国家联系密切，甚至由于国势的强盛，对当时世界文化产生了一定的影响。中国箸文化正是在唐代迅速地东传于朝鲜半岛、日本，南传于东南亚各国，西传于中亚、西亚、北非等地。历史上中国的汉字、儒学、书画、医学、宗教、典章制度等对朝鲜半岛及日本产生过全面的影响。中国与朝鲜半岛交流的历史非常久远，自汉代以前就已开始。《尚书》《史记》《三国遗事》等中朝文献中都有两地交往的记载。

朝鲜半岛是最早传入箸文化的域外地区。早在中国西汉时期汉代统治者就在朝鲜半岛北部设置了郡县，并派遣了一批官员、学者、工匠、农民迁居到半岛上生活。筷子这样的日常生活工具，也随着这些中国人的到来传播到了朝鲜半岛上。中国两汉之际，朝鲜半岛上形成了高句丽、百济、新罗三权鼎立的三国时代，此时这三国均和中国陆上、海上交通密切，而"箸"已经成为半岛居民日常进餐的主要工具。唐时新罗遣来唐长安学习的留学生、僧侣很多，他们成为中国与朝鲜半岛文化交流的"纽带"，与中国的文化交流带动了当时朝鲜半岛的经济发展。《酉阳杂俎》"境导"中记载新罗"满山悉是黑漆匙箸"，虽然是用来形容树木的花和须茎的形态，但可印证当时在朝鲜半岛使用筷箸已经非常普遍了。但朝鲜民族一直将箸匕同用，进餐时另一个重要工具就是勺子，筷匙配合使用的习俗延续了上千年。

史料记载早在公元前2世纪中国就与日本建立了海上交通，战国时徐福东渡的事迹在日本家喻户晓。唐代中日文化交流达到顶峰，可以说中日官方友好交往起于中国汉代，盛于隋唐。中国隋唐时期筷箸文化在日本被普及，得到了广泛的传播。但因为中国发明、传入日本的工具器物太多，所以中国史书中几乎没有筷子传入日本的历史细节记载，而筷子传入日本，是继中国稻作农耕、汉字后，对日本文明进程具有重大转折意义的事件，甚至被一些日本学者称之为"日本人的生活革命"，所以在日本的文献典籍中反而能找到筷子由中国传入的历史细节和故事。日本有文字记载的最早关于筷子的描述，出现在日本第43代天皇元明天皇时期编撰的一部汉语典籍《古事记》中，当时日本人已将筷子视为人与神、人与人之间沟通、联系的纽带。

有关"箸"传入日本的历史可以追溯到了7世纪初：公元607年圣德太子派遣小野妹子一行十二人使隋，在中国受到了热情接待，隋朝宫廷宴会上，日本遣隋使第一次见到了银箸及汤匙等餐具。次年，小野妹子回国后引进了中国的"箸食法"，之后，从皇室宫廷中开始，日本社会上下开始模仿小野妹子从中国带来的箸食之法，筷子的使用自此在日本逐渐流传开来。而在遣隋使来到中国之前，日本人对"箸"还一无所知，经历了漫长的手抓取食的历史。日本学者一色八郎在《箸文化史》中说到，正是来自筷子故乡的裴世清使团陪同小野妹子一行人等回到日本，促成了日本宫廷宴会第一次使用筷子，他们成了改变日本"手食"历史的推进者和见证人。当时圣德太子听了小野妹子对隋朝宴会的描述，对使用筷子心生向往，决定以中国的餐宴礼仪招待来日本的中国使者，于是便有了日本历史上第一次用筷子就餐的记录，对于一个保持用手抓食的民族而言，这次用筷子迎宴宾客的行为无疑是当时最高的礼遇，随之而来的便是日本贵族阶层掀起的使用筷子进食的仿效热潮。直到8世纪初，日本朝廷正式确立"箸食制度"，使筷子代替手食在日本各个阶层完全得到了普及。

还有一种说法，即日本人最早使用筷子是在4到6世纪之间，当时日本处于古坟时代中期，与朝鲜半岛的百济往来密切，而筷子的使用随着到朝鲜半岛上定居的汉人东渡传到了日本。无论哪种说法，都说明筷子很早便传入了日本，成为日本人日常饮食中必不可少的工具，而且日本人至今还保持着中国对筷子的古称——"はし"，即"箸"。

筷子最初传入日本时，并不是由两根细棍组成，可能基于刚开始使用学习筷子有一定的难度，那时日本人是将削细的竹子弯折成镊子状使用，被称为"おりはし"，即"折箸"，主要用于祭祀活动，被视为一种神器，后来筷子在民间普及，才慢慢地改为中国筷子成双成对的传统样子。在今天日本皇宫的祭祀仪式上仍能看见这种折箸，它更多地被赋予了一种特殊的神圣意义。

深受我国传统典章制度的影响，日本自古有"衣冠唐制度，礼乐汉君臣"的说法。旧时在宫廷和贵族们的宴会上，日本贵族也会使用金属筷吃中国式的饭菜，以示尊贵。到今天，日本人都非常重视筷子在日常生活中的作用，东京有一所筷子学校，专门教授学生如何使用筷子，日本还将这种普及使用筷子的新潮视为弘扬日本文化最基本的标志。世界上消费筷子最多的国家也是日本，据日本税务局公布的统计数字，每年全国共消费筷子70多亿双。日本是世界上最盛行使用一次性筷子的国家，也是生产筷子最多的国家，平均年产130亿双筷子。

越南、琉球等地由于历史原因，很早与中国就有密不可分的政治及文化关系，这些地区使用筷子便不是新鲜事，越南虽然曾被法国长期殖民统治，受过西方文化的冲击，但依然保持了使用筷子的传统。越南语对筷子的称呼也源自汉语"箸"的中古发音。

古时号称"万国津梁"的琉球，由于地处东北亚和东南亚之间，贸易发达。贸易发达之地必然是文化汇通之所，但因其历史上一直将中国作为宗主国，所以中国文化对其产生了深远的影响，其中包括饮食文化，更包括使用筷子。琉球语把筷子称为"ウメーシ"。现时琉球虽已成为日本领土，但琉球人仍然使用着与日本本土形制不同的中国传统样式的筷子。

而东南亚国家多为移民化较严重的国家,这跟历史上发达的海上贸易有着密切的关系,许多华人、印度人、欧亚其他地区移民和当地本土人共同组建了和谐的多民族国家,如马来西亚、新加坡等,这些国家的华人依然坚定地秉承着中华传统文化中无法阻断的血脉本性,坚持着很多古老的习俗与信仰。几乎有华人的地方就能看到筷子的身影。

筷子向西传入印度的时间应该在隋唐时期。《酉阳杂俎·贝编》记载"国初,僧玄奘往五印取经,西域敬之。成式见倭国僧金刚三昧,言尝至中天,寺中多画玄奘麻履及匙筋,以彩云乘之。盖西域所无者,每至斋日辄膜拜焉。"筷子被画到圣僧像中接受朝拜奉祀,可见当时印度对中国文化怀有一种敬仰之心。

筷子传到欧洲,远远晚于东亚国家。以19世纪上半叶为界限,在鸦片战争打响之前,西方对于中国文化还是抱有公正友好的态度,愿意去了解和接受的。16世纪末,中国明末时期,作为中西文化交流的杰出代表,意大利学者利玛窦在他的日记中描述了中国筷子的文化和用法,并将它传播给当时的西方世界:"中国这个古老的帝国以普遍讲究温文有礼而知名于世,这是它们最为重视的五大美德之一……在这方面他们远远超过所有的欧洲人……现在简单谈谈中国人的宴会,这种宴会十分频繁,而且很讲究礼仪。事实上有些人几乎每天都有宴会，因为中国人在每次社交或宗教活动之后都伴有筵席，并且认为宴会是表示友谊的最高形式……他们吃东西不用刀、叉或匙，而是很光滑的筷子，长约一个半手掌，他们用它很容易地把任何种类的食物放入口内。食物送到桌上时已切成小块，除非是很软的东西，例如煮鸡蛋或鱼等等，那是用筷子很容易夹开的。""筷子是用乌木或象牙或其他耐久材料制成，不容易弄脏，接触食物的一头通常用金或银包头。"以利玛窦为代表的来华欧洲人多为传教士，能返回欧洲者则将中国的见闻、器物、风土、习俗宣传到了欧洲，使他们对处于遥远东方的中国文明有了神秘而模糊的大概认识。清朝时，中国与西方的文化交流更为密切了，外交使者、商人、探险家、游客纷纷踏入古老中国的土地，而中国人也有机会踏入西土，这些都为筷子西传做了准备。康熙二十年随比利时传教士柏应理去往欧洲学习的沈福宗，后来在欧洲出版了三部儒家经典的翻译本，引发了欧洲持续了两个多世纪的由东方思想带来的巨大反响，他也成为法国太阳王路易十四接见的第一个中国人。巴黎《风流信使》杂志，1684年9月对此事进行了报道："柏应理神父带来的中国青年，拉丁语讲得非常之好，名为迈克尔·沈。本月25日，他们二人前往凡尔赛宫，受到国王陛下的召见。然后，它们在塞纳河上游览，次日又蒙赐宴。"国王在宴会上当着群臣的面，手拿中国进口的象牙筷子请教沈福宗中国筷子的使用方法。自此后法国宫廷和上层社会便将使用中国筷子进餐作为当时的新时尚，风靡一时。沈福宗在欧洲的十三年，不论走到哪里都把中国的进餐方式传播到了哪里。而来到中国的各国使者也将中国筷子的应用传播到了自己的母国，俄国、荷兰、德国、葡萄牙、意大利、英国等国，都通过来华工作人员与中国的文化交流，将以筷子为核心的中国饮食文化带到了自己的国家。

而今天随着华侨不断地移居到欧美国家，西方人对中国筷子再也不陌生，不但许多人学会了用筷子吃中餐，更有些西方家庭中常备有筷子，方便用来吃中国菜或用于招待东方客人。法国旅游协会制定了一项"金筷奖"以表彰哪些弘扬中国饮食文化，推进法国饮食繁荣的中餐馆；在德国有一所"筷子博物馆"，里面收藏有上千种不同历史时期的筷子。

中国筷子在传播过程中形成了普及性、传承性、多样性和国际性的几点特征。筷子易于普及，它依托于其母体文化——中华文化的传播而遍布于世界各地；基于它的便于携带和使用的特点，其传播往往会在群体之中一代一代的流传绵延下去；而随着流传地区的广泛，筷子可能会根据所传播到的某个地域的特殊文化性变得与当地习惯风俗相互影响和融通，而产生更多不同的形制；筷子依托于全球第一大人口种群——华人和对其使用率极高的中华文化圈，真正变成了遍及世界各地的餐饮器具，具有无可厚非的国际性。

季羡林先生说："所谓文化体系是指具备'有特色、能独立、影响大'这三个基本条件的文化体系。"作为中华饮食文化体系，或是叫作上文所述的筷子文化圈，最大的标志就是使用筷子，而恰恰是这个小东西——一双筷子，却具备了有特色、能独立、影响大这三点，就此看来，它不但可以作为中国人所发明的一项伟大的实用性工具，更可以看作是一种具有象征性的中华符号。从它的诞生到传播，再到作为一个饮食文化体系的代表。千百年来，筷子文化有不少的变化，"箸"这个战国时代便和中国人生活息息相关的汉字，至今甚至仍通用于中国以外的一些文化之中。

在筷子文化的传播过程中，必然会有一些因为时空变化而产生的文化分化，往往会体现在与该时空文化相融合的某些特性上。筷子作为物件本身，作为一件器具，必定是承载这些微妙变化的实物载体。它在传播到不同地域后所呈现的形貌和文化内涵多多少少与中国本土的筷子文化产生了区别。

世界各国以筷子为日常饮食工具的，有中国、朝鲜、韩国、日本、越南、蒙古、新加坡和马来西亚等，集中在亚洲大部分地区。在这个各国彼此相邻，距离不远的大区域中，人们进食一样使用的是筷子，但其中却有着诸多差异。

首先，不同国家使用的筷子外形风格各不相同。

中国筷子一般多为竹木材质，形状多为圆柱体，或者头圆尾方，暗合中国文化中"天圆地方"之意，只在头部略细，手握端是方形的横截面，与食物接触的一端是圆形的，终端比较钝。虽然没有标准长度，但讲究个"七寸六分"长，因为喜爱热闹团圆的中国人习惯大桌吃饭，长筷子方便夹取食物。

日本筷子也多为竹木材质，变得短小了一些，形状似尖尖的锥形，会随着筷子的长度，首端变得越来越细，筷头更尖。筷头变尖跟日本地理环境有很大的关系，这个四周被海包围的岛国，自古以来靠海为生。饮食以海产品为主，鱼虾贝类是日本人最主要的肉类食材，而筷头尖细的筷子更适合夹取鱼片、贝类等，也便于将骨刺从鱼肉中剔出。而且日本人吃饭一人一份，筷子不用很长。与中国相同的是，用餐过程中也会用到支垫筷子的筷枕。日本人用筷子多有自己专用的一双，大小、花色或材质上会与家中其他人的不相同，例如妻子可能使用短点的筷子，丈夫可能会使用略长些的筷子。

韩国因为一直有使用金属餐具的传统，所以筷子一般为不锈钢材制，这点可能与韩国人喜爱烧烤食物有关系，竹木制的筷子在反复多次经过烤炙后易于损坏。其筷子形状与中日的筷子均有区别，通常是中等长度，具有长方形的横截面，是扁平状的。很多韩国金属筷子在手握端都有华丽的装饰。

蒙古虽为游牧民族，但受中国文化的影响在其日常生活中还是有用筷的习惯。筷子在蒙古地区发展出一种很特别的形式：刀筷。这是一种将筷子和刀放置在一个鞘中，可随身携带的餐具。在中国蒙古族、满族等少数民族中也很常见。方便随时取出刀具割生肉或熟肉，又可用筷子进食。这是典型的游牧文化吸纳中原农耕文化的产物。

其次，不同国家使用筷子的风俗习惯也各不相同。

受到中国文化影响的国家、地区和民族，在吸纳了许多具有中国文化代表性的事物、习俗的同时，不可避免的经历了将这些内容与本民族文化融通的过程，而再现出的状态呈现出了另外一番与本民族相关的独特面貌。

例如东南亚地区近代受到迁徙到当地华人的影响，筷子的使用也变得非常普及。东南亚各国本土民族的传统饮食习惯，除了越南以外都是"以手抓食"的，包括：菲律宾、泰国、老挝、柬埔寨、缅甸、马来西亚、印度尼西亚。在泰国，当地的风味美食有泰国火锅，少不了要用筷子；新加坡占总人口百分之七十七的华人和马来西亚华人都使用筷子，甚至马来人和一些迁徙而来的其他民族也用它，餐厅酒家都会给客人提供筷子。但是整个东南亚地区却呈现出多种饮食文化、风俗习惯融洽相处的局面，不仅仅有筷子，它还包容了用手进食和用刀叉进食的习风俗惯。

筷子文化在传播过程中被进行了文化再造的，最典型的要数日本和韩国。

在日本人的生活中，随处可见中国文化的影子。从文字、围棋、服饰到建筑、餐饮，例如饮茶的风俗、餐具的使用等，但不论是精神文化还是器物文化，自从中国传入起，日本已渐渐将其发展得具有了浓厚的本民族特性。中国筷子传入日本，对日本文明的进程起了重大推动作用，改变了日本以手抓食的饮食习惯。日本更是继承了中国的固有制筷工艺，又别出心裁地将其形制本土化，适应了自己民族的饮食习惯。日本筷子款式繁多，有日常使用的短小头尖的筷子，也有特别为烹调用的日语称为"菜箸"的巨型长筷。

"箸"在日语中有着丰富的文化意义。从词汇学的角度分析，与"箸"读音相同的词是附加在日语"箸"中文化意义的明证。在日文中，筷子的发音，和"桥"的发音一样，区别仅仅是重音不同。筷子本来就是人口与食物的桥梁，不知是巧合，还是在日本文化中筷子就是更多地被赋予了某种桥梁的文化性含义。日本的早期历史中，筷子不仅是日常的进食工具，更是将人和神联系起来的桥梁。日本人认为使用筷子象征着神明与你同在。因为人们使用筷子吃饭，就自然而然地认为无论凡人还是神明，都一样会使用筷子吃饭，所以在供奉、祭祀神明时，会摆放筷子。在一些庆祝活动中日本人会使用名为"太箸"的竹筷，它中间鼓起，两头逐渐变细，据说正是一头由神使用，另一头由人来使用，解释为："一边为自我，一边为神明。"起到桥梁的作用，体现出日本神人合一的宗教思想。日本人在动用筷子前必先说声"领受了"，餐后放下筷子则说"蒙赐盛馔"，这些充满宗教感情的话语，实为感谢从山、海采撷的食物的人及大自然的恩赐。

日语以汉语原创词"箸"为中心词二度创造的词组数以百计，形成多彩多姿的箸文化，"箸"成为日本世俗生活中象征着和谐、富足、健康、平安等诉求最具典型意义的文化符号。日本的筷子文化虽然最初是受了中国的影响，可后来的发展却结合了日本本土文化，筷子在日本甚至衍生出了超出中国人使用习惯的用法，例如"骨箸"，传递着日本人的生死观念，日本的习俗认为死亡是从"此岸"抵达"彼岸"，这点使他们拥有了这种独特场合下才会使用的筷子——"骨箸"：专门用于捡拾火葬后的尸骨。这种筷子，一双的长度或者材质必须不同，由亡者的一位亲人和一位朋友，两个人协作用骨箸将死者的骨头从骨灰中拣出来放到骨灰罐中，或由一个人用筷子传给另一个人，再由这个人放入罐中。筷子在这种习俗中承担了逝者到达"彼岸"的桥梁的象征意义。所以在日本人看来，就餐时用长短、材质不同的筷子或是两个人用筷子传递食物是极不吉利的。

1975年，日本正式规定每年的8月4日为"箸の日"，这个关于筷子的节日是由一位叫本田总一郎的学者倡议的，倡议一提出立即得到日本举国上下的支持。筷子节设定在8月4日这一天的原因是取日语数字"8""4"与"箸"谐音之意。筷子节这一天，日本各地会举行一系列的庆祝活动。会在神社进行庄严神圣的仪式：焚烧成千上万双使用过的筷子来祭祀已被砍伐的森林。各家各户也要欢欢喜喜闹上一番，添置新筷子，提倡筷子的正确用法，并感谢筷子为人们成年累月、一日三餐的辛勤服务。在日本还有个以出产筷子著名的城市小滨，它的筷子生产量据说占到了全日本的百分之八十。小滨的筷子故乡馆在每年的筷子节都会吸引不少筷子生产商、经销商、饮食业经营者参加。

有些地方也会在新年刚来临的时候举行一年一度的"筷子祭"。多由餐饮经营者和厨师发起，对筷子表达谢意，这一天社会各界的人会将筷子投入火中以祈求新的一年中平安健康。2015年2月24日在日本高知县就举行了隆重的"筷子祭"，此活动在当地已有30多年的历史了。

日本人重视筷子在本民族文化中的地位，善于学习借鉴，并为我用的民族性格，使得日本筷子虽发端于中国文化土壤中，却拥有了囊括其民族性格的特殊文化性。

筷子到了韩国被称为"젓가락"，外形的变化很大，既不像中国的圆柱体筷子也不像日本有着尖细筷头的筷子，而是变成了扁平的形状，整体呈长方体。多是不锈钢质地。也有较贵重的，比如银筷或黄铜筷，这类筷子会作为馈赠的礼物或用在比较重要的场合，比如婚礼。韩国人都有强烈的环保意识，为了减少木材的使用，他们均使用金属餐具，而且铁筷子让吃饭变得很有感觉，它的表面光滑，硬度大，容易清洗，不会残留污垢，使用寿命也长。

韩国的筷子是一定要与勺子配合使用的，而且在韩语中有专门将筷子与勺子合在一起的专有词："수저"——箸匙。这跟他们的进食习惯有关。右手一定要先拿起勺子，从汤中盛上一口喝完，再用勺子吃一口米饭，然后再喝一口汤、再吃一口饭后，便可以随意地吃任何东西了。这是韩国人吃饭的顺序。但是韩国人是不用筷子吃米饭的，一定要用勺，勺子在韩国人的饮食生活中比筷子更重要，它负责盛汤、捞汤里的菜、装饭，不用时要架在饭碗或其他食器上。而筷子呢，只负责夹菜。不管汤碗中的菜用勺子多难捞起，也不能用筷子夹取。

这首先是食礼的问题，其次是汤水有可能顺着筷子流到桌子上。筷子在不夹菜时，传统的韩国式做法是放在右手方向的桌子上，两根筷子要拢齐，三分之二在桌上，三分之一在桌外，这是为了便于拿起来再用。韩国人没有使用筷架的习惯。这种做法，有人觉得除非桌子表面擦得很干净，否则是不卫生的，因此，便改成了把筷子放在小菜碟上。最后，当你吃完饭后，还是要把勺子和筷子摆成当初的形状，有始有终。

筷子虽是中国人的独创，但从文化的角度出发它代表了农耕文化的特征，成就了东亚饮食文化的发展。"民族的就是世界的"，在一双筷子身上得到了完美体现。它已成了超越工具功能而具有代表性的文化现象，值得更好地发展与传承下去。

第七章 勺

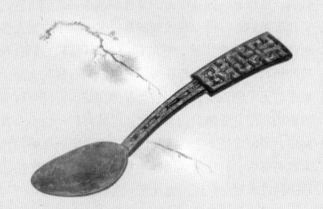

一、中国最早的进食工具

勺的用途在中国从古至今变化不大，用来就餐，搅舀汤羹、流食，甚至酒。中国饮食文化中，它是仅次于筷子的重要的进食工具。

进餐时，中国人喜欢，也习惯使用筷子，但说起勺子，从现有的考古证据来看，它也算是中国远古先民最早的进食器具。自古以来，中国人主要的进食工具就只有俩：匕和箸，就是今天的餐匙和筷子。人们用它们吃了几千年的饭，可少有人知的是，勺子这个中国人餐桌上辅助性的进食工具，它的起源甚至可以追溯到1万年前的新石器时代。分布在黄河流域的新石器时代文化遗址中，无一例外地都出土过骨制的勺器，可见当时勺子的使用非常之普遍。由于制作匕匙的材料一般不太容易腐烂，所以保留下来的文物比较丰富，但制作箸的竹木太容易腐烂，时代越久远越不易留存，所以到现在匕和箸哪种进食器先出现，也就无从而知了。

古代中国人为什么发明出勺子来吃东西呢？这与农耕文化的出现直接相关。中国农耕文化出现的年代不晚于距今1万年前，新石器时代的农作物品种主要是水稻和粟，分别适宜生长在湿润的南方长江流域和干燥的北方黄河流域。这两种谷物的烹饪方法都比较简单，可以粒食，也可以加水煮成汤粥食用。古人吃干饭是用手抓取的，但热腾腾的粥饭，还是半流质，用手怕是抓不起来的，得借助工具，于是餐勺的雏形就逐渐诞生了，那可能就是人们随手捡来的兽骨片或贝壳蚌壳。时间长了，人们开始加工打磨长短各异的蚌壳骨片，让它们用起来更顺手，形状也就渐渐有了规矩。仰韶文化遗址、半坡文化遗址、大汶口文化遗址、河姆渡文化遗址都出土过一些器形标准的勺形匙和蚌质餐匙。可以想象，原始人用骨头做的勺子，在把上弄一个孔，然后挂在腰间，走起路来叮叮作响，吃饭的时候拿下来吃饭，后来，有人将勺子的样子了画下来，于是便有了它在文字里的雏形。自使用勺子开始，野蛮的原始人开始变得文明了，接下来的几千年，它跟着时间的推移变成了我们今天看到的样子。

勺子虽然算历史最悠久的进食器，但随着饮食文明的不断演变，在中国人的餐桌上，勺子逐渐与筷子配套使用了，不知道什么时候起，就悄然退居到辅助进食器的地位了。

二、依用途而变化的名称和外形

1.形状的演变

我国许多新石器文化遗址都出土过数量可观的兽骨、贝壳和陶土材质的匕，形状主要有匕形和勺形两种。匕形一般呈长条状，前段边口比较薄；勺形明显分为勺和柄两个部分，造型与当今的勺子类似。匕形的出土较多，勺形的和近似勺形的出土较少。

匕形的古老勺具又分两种：一种端部为尖刺形，另一种为圆刃弧形。它们可能兼具分割食物和进食的功能，也可能有制作陶器时用于修整的功能。

勺形勺具，头部宽大，柄部较细，勺柄部与勺体有比较明显的分界。江苏邳州市刘林遗址中就出土过几件这类标准的勺形匕，它们可能是匕形勺具发展演变的产物，是从原始依天然材质取形的勺，向为发挥实用性而铸造的勺转型的一种过渡形态。这种大头的勺形匕不仅见于刘林遗址，也出现在山东曲阜西夏侯遗址，很多在出土时可以清楚地看到是握在死者手中的。匕的随葬是当时比较常见的现象,齐家文化中出土的骨匕尾端无一例外地都有穿孔,作为随葬品放置在死者腰部,由此可以想象出,当时的人平日里要用绳索将这骨匕悬在腰际,以便随时取用。说明作为进食工具,甚至是生产用具,其对于原始人类具有重要的意义。

中原地区在进入青铜时代以后,周代的青铜餐勺上通常自铭为"匕",证明"匕"就是周人对餐勺的固定命名,秦汉以后的文献中,餐勺仍以"匕"为通称。汉代已开始称匕为"匙",《说文》和《方言》中均提到匕就是匙,所以当时"匕"与"匙"是一个意思,能互换使用,只是"匕"的指代范围更广一些,即古时勺子的通名为匕。

匕作为取食物器具,其发展演变大体是从殷商时代开始的,青铜匕此时取代了骨匕被广泛使用。铜匕形制多样,商代铜勺多圆形圈底,直柄;西周铜勺多圆鼓腹和圆柱状,柄直或曲;春秋战国的铜匕,大多呈长扁圆形而前端尖,柄或直或折;至秦代匕又有了椭圆形的。到了秦以后,勺的头部明显的变深,不仅用于取饭,而且用于调羹。现在,匙匕的古称已经完全消失,更普遍的称为勺子、饭勺,或瓢羹、汤匙等。

2．匕饭具

《说文解字》称："匕亦所以用比取饭。"段注曰："匕即今之饭匙也。"古时，匕最大的功能就是用来吃饭，类似现在韩国人吃米饭只能用匙的习俗。但在中国这种习惯渐渐被筷子所取代，我们今天拿匕来舀汤而不是取饭。既然匕有取饭的功用，那我们就假设匕的本义是匕饭具。据王仁湘研究，多数骨匕从形制上看，器身轻薄平直，无明确的刃部，说明它们原本就不是用来做生产的工具。大多数骨匕表面的磨砺较为精细，内面凹弧能够承物，这两点使其具有了可以进食的前提和现实性：便于运送食物进入口腔。

匕的出现就是为了迎合谷物做成的饭食，方便吃饭的行为。古代黄河流域的主要农作物是粟，南方地区是稻，这两种重要农作物的栽培史都在七八千年以上。匕的起源和发展刚好与粟稻的发展相适应。骨匕的消失，与青铜匕的出现有着不可分割的联系。最早的青铜匕，形制仿照条形骨匕，如前述齐家文化出土的匕便是如此。山西石楼

河姆渡鸟纹骨匕

曾出土过一种蛇首形铜匕，因柄作镂空的蛇首形而得名，匕为长舌状圆刃，可兼作切割之用的食具。

考古的发现以及匕形制上的特点向我们验证了古人发明匕的初衷是用以取饭，使匕本来就是取饭用的进食器之说更为可信。

3.各种用途

古时的勺除了吃饭，还有些别的用途。先秦时代青铜器内容丰富，包括了匕、勺这些小件器物。考古出土的青铜匕、勺常常不是孤立出现的，而与食器、酒器、水器类里的某些器物有着依附关系。确切地说，它们应常常作为某些青铜容器的从属。

《仪礼·士冠礼》说"实勺觯角柶。"郑玄注云："勺，尊斗，所以斟酒也。"《说文·勺部》："勺，枓也，所以挹取也。"由此得知，勺还是舀酒用具，可从罍、尊、壶一类的盛酒器中取酒，注入温酒或饮酒器内。一些出土的酒器常常附以勺。上文说到"匕"是取肉食、黍或羹的用具，常与鼎、镬等炊具一起出土。

民间对大大小小用途不同的勺，称呼叫法很多。用来取水的大勺一般被称为瓢，都是大葫芦做的。葫芦是中国广大地区普遍种植的物种，葫芦成熟后煮熟晾干，从中间锯开，便可得到瓢。它们是最好的舀水工具，因为其有一点其他种类质地的勺都不具备的特性——极轻，可以浮在水上，用完就任其浮在水缸等盛水器中，便捷还节省安置空间。虽然比较易碎，但因为葫芦多产，瓢可以常换常新。

其实"勺"不仅仅与饮食有关，古时它还是有其他用途的工具。我国最早用于辨别方向的仪器叫作"司南"，它是由一块天然磁石打磨成勺子的形状，放置在

司 南

铸有方位刻度的盘上，利用地球的磁场效应，以勺柄的指向来辨别方向，是现代指南针的鼻祖。

在中国很多地区，如陕西，"勺"成一种文化。社火马勺脸谱是中国民间的纯手工艺术精品。马勺原本是先民的一种生活用具。从夏商沿用至今，选用优质的桐木、桃木等作为原料，经过手工一刀一刀精雕细刻而成。社火马勺脸谱传承着中华上下五千年源远流长的文明，记载着周秦文化最辉煌的民俗。社火马勺脸谱的图案内容大多取自《封神榜》等民间传说中具有法力和正义人物的造型，寓意是镇宅、辟邪、驱赶寂寞冷清，表现了人们祈福纳祥的美好愿望，充分显示出广大劳动人民丰富的想象力和非凡的智慧。每一件脸谱作品都是一件极其珍贵的手工艺术收藏品。

古时候还有一种叫作"方寸匕"的东西，是古代量取药末的器具。其状如刀匕。一方寸匕大小为古代一寸正方，其容量相当于十粒梧桐子大。《千金要方》记载"方寸匕者，作匕正方一寸抄散，取不落为度。"

匕还有做装饰、搅药炉等用途，不难发现，匕的最初用途就是进食用具，但随着时间流转，也有了舀水绦酒、做礼器等各种其他用途。我们今天用来舀汤的勺实际是匕取饭功能的延伸。

4.此匕非匕

看到"匕"字，人们首先想到的是"匕首"这个词。匕匙作为吃饭用的器物，并非我们现在常说的匕首，但是"匕首"和"匕"其实是有点关系的。《史记·刺客列传》中曹沫收复鲁地和荆轲刺秦王这两个故事广为人知。曹沫以"匕首"要挟齐桓公，成功收复了被齐国侵占的鲁国土地；荆轲刺秦王虽然失败，但他"图穷匕见"的典故，也被固定为成语。故事中的关键物——"匕首"是一种利器，它与我们所说的匕匙又有什关系呢？

众所周知，匕首是一种可以随身佩带的小短剑，其外形特征因"剑首如匕匙"而得名，匕首就是剑头如匕匙的短剑。从其命名看，这是一种与匕匙有关系的武器，难怪若将勺子首端打磨锋利也可以当作武器来使用。这种情况下"匕"自然再不是用来喝汤的餐具了，却货真价实的可对人起到伤害。因此才有了借用勺子称谓来形容的武器"匕首"。

三、中国仪礼中的勺

依据"三礼"记述，周代时的礼食中，进食既要用到匕，也要用到箸，但二者分工相当明确，不能混淆。箸只能用来夹菜，而匕只能用来吃粥、饭。直到汉代，餐勺和箸都是被同时使用的，这从汉代墓葬出土的随葬勺、箸中就可以看出。唐人冯贽在《云仙杂记》中提道："向范待客，有漆花盘、科斗箸、鱼尾匙"，也证明古人在比较正式的筵宴上，定会同时使用勺和箸作为进食具。甘肃敦煌473窟唐代《宴饮图》壁画中，绘有男女九人围坐在一张长桌前准备进食，每人面前都摆放着勺和箸，摆放位置相同，整齐划一，勺箸在进食时的分工被描画得非常清楚。

唐代薛令之所作的《自悼诗》中有"饭涩勺难绾，羹稀箸易宽"的句子，将以箸食饭、以勺食羹菜的分工说得明明白白。箸匕配合使用是有规矩的，朱熹在《朱子童蒙须知》中说："凡饮食，举匙必置箸，举箸必置匙。食已，则置匙箸于案。"匕箸两种食具配套使用

唐代壁画《宴饮图》

时，两只手一齐上是很没有礼貌的做法。

就是作为赏赐或贡献的礼品，匕、箸也是不可分离，《宋书·沈庆之传》记载："太子妃上世祖金镂匕箸及杅杓，上以赐庆之"，作为赏赐品的金镂匕箸是放在一起的，对有一定身份的人而言，匕箸齐举的规矩马虎不得。

勺的使用在中国人进食历史中正好与古老的粒食传统相适应。"三礼"中记载的匕，有饭匕、挑匕、牲匕、疏匕四种，形体相同，大小有别。用途可以分为两种，即捞肉的和舀饭的。其中饭匕就是较小的勺子，直接用来进食的。而挑匕、牲匕和疏匕，都是形制较大的勺子，是祭祀或宴请宾客时，从鼎中镬中捞取大块肉用的，被捞出的肉块还要放在案上分为小块才能食用。这些匕的前端被铸成略带尖状，就是为了方便捞取。这里面，疏匕比较特别，因为它是镂空的，有点像现在的漏勺，在捞取肉块时可以滤去肉汁。但是大概从战国中晚期开始，随着周代"礼崩乐坏"，大匕渐渐消失，匕也向着轻便实用的方向发展了。

中国饮食文化中的进食方式，都有自己悠久的历史传统。既发明了独具特色的筷子，也发明了今天世界文明所共有的勺子。饮食器具的创造与选择，与烹饪技法有密切的联系，也与中国几年以前就形成的礼仪有关，不论哪种进食工具，都同样显示着中华民族悠久的历史文明，是中国人民群体智慧的结晶。

结 语

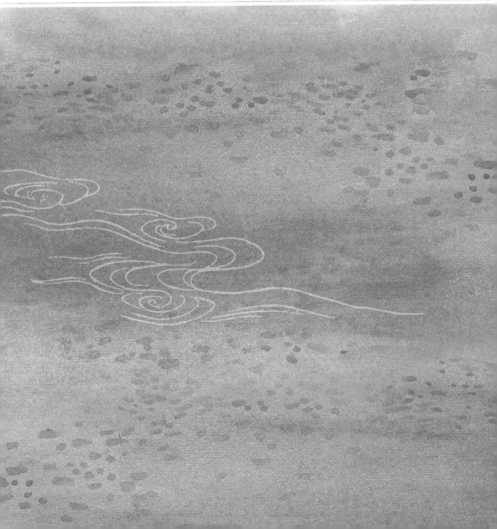

民以食为天，是中华民族千百年未变的真理。食具文化与其他文化一样反映着一个种族文明的状态，涵盖广泛的内容和深邃的内涵。锅碗瓢盆、杯盏箸匕看似平常，但正因为是平常的生活必需品，因而才能于某些方面体现出中华民族近万年来不可小觑的社会发展缩影。人文历史、风俗礼仪、美学智慧等多方面的信息，均可通过一些材质耐储存的、随处可见的日常饮食用具被保留下来。

食作为人类生活的首要事件，必然伴随器物的支撑。中华民族对饮食的重视程度之高，连带地也自然对相关器皿追求甚高。在传统文化的发展中流传下来的饮食器具和其使用形式，犹如直观的历史档案，记录着我们民族各个时期的社会发展状态与人文精神内涵。留存下来的文物中，从远古的陶质器具，到夏商周的青铜器，再到汉代的漆器、唐代的三彩陶器，最后到宋元明清的瓷器，其中几乎有近半数与饮食活动相关。其中不但保留了丰富的历史资料，还呈现出不同时期的文化、美学和科学技术。所以饮食器具是与现代人的生活休戚相关的，活的中国文化元素的载体。

　　中国人对吃的理解，不仅仅局限于充饥解渴，经过数千年的文明发展，食的意义蕴涵了中国人认识事物、理解世界的哲理与思辨。它们都沉淀在一件件与饮食有关的器物之中，里面有深厚的品质追求、审美体验和情感活动。对中国餐饮食具的理解正是从最具体的生活细节中去了解并感受中国文化的内核，从认识实实在在的具体饮食器物元素，进一步升华到愉悦心灵的精神盛宴，为中华子孙存续精神的财富。